관습과 통념을 뒤흔든
50인의
과학 멘토

관습과 통념을 뒤흔든
50인의
과학 멘토

초판 1쇄 2014년 4월 15일
초판 3쇄 2017년 1월 23일
글 피트 무어
옮긴이 이명진
펴낸이 권경미
펴낸곳 도서출판 책숲
출판등록 제2011-000083호
주소 서울시 용산구 후암동 8
전화 070-8702-3368
팩스 02-318-1125

ISBN 978-89-968087-5-6 44400

이 도서의 국립중앙도서관 출판시도서목록(CIP)은 서지정보유통지원시스템 홈페이지(http://seoji.nl.go.kr)와 국가자료공동목록시스템(http://www.nl.go.kr/kolisnet)에서 이용하실 수 있습니다.(CIP제어번호: CIP2014010613)

*책값은 뒤표지에 적혀 있습니다.
*잘못 만든 책은 구입하신 서점에서 바꾸어 드립니다.
*책의 내용과 그림은 저자나 출판사의 서면 동의 없이 마음대로 쓸 수 없습니다.

문명을 바꾼 발견자들

관습과 통념을 뒤흔든
50인의
과학 멘토

피트 무어 글 | 이명진 옮김

책숲

과학자들은 우리가 살고 있는 세계를 이해하려고 노력했어요. "바람은 더운 공기가 찬 공기 쪽으로 이동하면서 생기는 현상이다." "태양계 밖에는 또 수많은 다른 태양계가 있다."처럼 우리와 아주 멀리 떨어진 곳에서 일어나는 일까지도요. 과학자들은 자료를 정리하여 가설을 세우고 실험을 했어요. 그러고는 우리가 사는 세계가 얼마나 넓고 얼마나 변화무쌍한지 증명했어요. 그 덕분에 지금은 현미경으로도 보이지 않는 아주 작은 원자의 내부까지도 들여다볼 수 있게 되었지요.

고대의 사상가들은 과학적인 질문이 생기면 회의장에 모였어요. "이 세계는 어떤 원소로 이루어졌나?", "이 세계는 어떤 변화 과정을 거치는가?" 같은 문제를 함께 대화하고 논쟁하면서 해답을 찾아간 거예요. 지금 우리가 생각하는 과학적 연구라고 할 만한 게 아니었지요. 실제로 17세기까지는 정확하게 측정하고 증명하는 과학자가 아주 드물었다고 할 수 있어요.

그러나 모든 일에는 늘 예외와 해결의 실마리가 있는 법이에요. 기원전 지중해 연안과 중동에 살던 사람들은 벌써 상당히 복잡한 수학 공식을 알고 있었어요. 태양과 별에 대해서도 획기적인 발견을 이루었고요.

『관습과 통념을 뒤흔든 50인의 과학 멘토』에는 아무도 머릿속에 떠올리지 못했던 생각을 했던 사람들에 대한 이야기를 담고 있어요. 그리고 그 사람의 첫 생각이 우리가 사는 세상을 얼마나 깊고 얼마나 멀리 변화시켰는지 소개하고 있어요. 우주의 신비와 끝없이 이어지는 창조적 사고, 우주론과 수학, 생물학, 의학, 물리학, 화학 등 딱딱한 공식을 넘어 그 안에 담긴 풍성한 이야기와 함께 말이지요. 이 책을 읽고 나면 과학적 통찰력이 우리의 삶에서 왜 중요한지 여러분도 충분히 이해할 수 있을 거예요.

이 책은 과학 분야에서 주목할 만한 50명의 인물을 다루고 있어요. 그들의 생각 씨앗이 어떻게 탄생했고 어떻게 구체화되었으며 이론으로 확장되어 갔는지 소개하고 있지요. 더 나아가 그들의 이론이 어떻게 전해지고 발전되어 우리의 삶을 풍부하게 만들었는지 알아보려고 해요.

과학이 이룬 진보는 위대해요. 그리고 그 진보의 시작에는 언제나 새로운 생각 씨앗이 있다는 걸 잊지 마세요. 여러분은 지금 어떤 생각 씨앗을 갖고 있나요?

차례

1장

인체

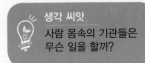

생각 씨앗

사람 몸속의 기관들은 무슨 일을 할까?

해부학의 아버지 클라우디우스 갈레노스

고대에는 사람의 몸속에 어떤 기관들이 있는지, 각 기관들이 우리의 생명을 유지하기 위해 어떤 역할을 하는지 잘 알지 못했어요. 몸속 기관에 대해 관심을 가지고 연구하는 사람도 거의 없었지요. 갈레노스는 병을 치료하려면 눈에 보이지 않는 몸속 기관과 작용을 아는 것이 중요하다고 생각한 최초의 의사였어요.

고대 사람들은 사람의 생명을 유지하는 건 '영혼'이라고 여겼어요. 그래서 생명의 본질은 영혼이며 몸속은 텅 비어 있다고 생각했지요. 그러나 그리스의 의학자 갈레노스는 사람의 몸에 무척 관심이 많았어요. 갈레노스는 지금의 터키 서쪽 해안에 위치한 페르가몬에서 태어났어요. 열여섯 살부터 의학 공부를 시작해 20대에는 그리스의 스미르나와 로마에서 해부학을 공부했답니다.

당시 로마에서는 격투 같은 스포츠가 인기를 끌었는데, 갈레노스는 다친 검투사들을 돌보는 주치의로 일하면서 자연스레 사람의 몸을 관찰하고 연구하게 되었지요. 그 결과 어떤 상처가 우리 몸에 치명적인 영향을 미치는지 알게 되었어요. 또한 신경이 뇌와 척수에서 뻗어나온다는 것과 사람의 뇌가 몇 개의 부분으로 나뉘어져 있다는 것도

관습과 통념을 뒤 흔 든

알아냈어요. 또 혈액은 두 가지 형태가 있다는 것을 발견했는데 하나는 혈관을 따라 느리게 움직이는 검푸른 혈액과 심장에서 바로 뿜어져 나오는 밝은 적색의 혈액이었어요.

갈레노스는 혈관이 간에서 심장까지 이어져 있다는 점에 주목했어요. 그래서 간에서 만들어진 혈액이 심장으로 전해진다고 추측했어요. 심장에는 구분된 방들이 있는데, 이 방들 사이로 혈액이 다니는 작은 구멍이 있다고도 확신했지요. 그리하여 온몸을 돌아 심장으로 돌아온 혈액은 간에서 자연 정기가 더해지고 심장에서 생명 정기가 더해져 다시 혈관을 타고 온몸으로 나간다고 결론을 내렸어요. 생명 정기를 가진 혈액이 몸 전체를 다니며 규칙적으로 박동을 친다고 본 것이지요.

이외에도 갈레노스는 우리 몸의 여러 기관과 그 작용에 관련된 많은 학설과 책들을 남겼어요. 하지만 갈레노스의 학설은 정확하지 않은 부분들도 있었어요.

실제로 혈관에 대한 제대로 된 연구는 오랜 시간이 흐른 뒤 하비라는 외과 의사에 의해 이루어졌어요. 하지만 하비의 이론이 나오기 전까지 거의 1700년 동안 갈레노스의 학설은 의학 분야에서 진리처럼 받아들여졌어요.

Claudios Galenos
출생 129년경, 미시어 페르가몬 (현재 터키 베르가마)
교육 스미르나, 그리스, 알렉산드리아, 이집트
업적 인체 해부의 선구자
사망 200년경

Anatomy
해부학

{ 사람의 몸을 해부하는 것이 의학적인 관점에서 필요한 일이라고 처음부터 받아들여진 것은 아니에요. 그러나 시간이 지나면서 인간의 몸을 직접 들여 다봄으로써 우리 몸이 어떻게 움직이고 작용하는지에 대한 중요한 통찰을 얻을 수 있었어요. 더 나아가서는 해부학이 병을 치료하는 데에도 큰 도움 이 되었지요. }

아무리 죽은 사람의 몸이라 해도 칼을 대어 몸속을 들여다보는 것을 사람들은 썩 달가워하지 않았어요. 그러나 의학적인 관점에서 필요하다 고 생각하는 사람들도 있었지요.

어떤 사회에서는 유죄 판결을 받은 살인범을 극단적으로 처벌하기 위 해 공개된 장소에서 해부를 했다고 해요. 그러나 어떤 사회에서는 산 사 람이든 죽은 사람이든 사람의 몸을 해부하는 것은 끔찍한 죄로 여겼지 요. 또 운명을 점칠 때 해부를 한 곳도 있어요.

해부학에 대한 가장 오래된 역사는 이라크의 고대 도시 니네베에서 발견된 점토판에서 발견할 수 있어요. 기원전 4000년경에 제작된 것으로 추정된 이 점토판은 사원의 수도사가 점을 치기 위해 양의 간과 폐와 같 은 기관을 점토 모형으로 만든 것이랍니다. 기원전 1000년경 이집트에서 발견된 파피루스 조각에서는 우리 눈과 소화계, 뼈의 형태에 대해 해부학 적으로 설명하고 있어요. 이는 미라로 만드는 과정에서 얻은 정보로 추 측할 수 있지요.

사람의 몸을 공개적으로 해부한 것은 이집트 알렉산드리아에서 시작되었다고 해요. 기록에 의하면 기원전 335년~250년경 흉악범 600명을 해부했다고 해요.

의학사적으로 해부학의 첫걸음은 그리스 의사인 클라우디우스 갈레노스가 떼었어요. 갈레노스는 로마에서 다친 검투사들을 치료하면서 사람의 몸에 관한 많은 지식을 얻었고 그것을 기록으로 남겼지요. 갈레노스의 연구는 15세기 후반까지 별 저항 없이 거의 사실로 받아들여졌고 수많은 언어로 번역되었어요.

그러다 1490년 이탈리아 파도바에 세계적인 의과 대학이 세워져 해부학의 새로운 장이 열렸어요. 이탈리아의 레오나르도 다 빈치와 벨기에의 안드레아스 베살리우스도 인체에 대한 호기심을 갖고 해부학을 연구했지요.

17~18세기 유럽에서는 계몽주의가 시작되면서 종교적인 관점에 의구심이 생겼어요. 이때는 보다 실제적이고 입증이 가능한 이론을 추구했지요. 그리하여 해부학에 대해서도 종교적으로 부정적이던 관점이 바뀌어 의학적으로 활발한 연구가 시작되었어요. 당시 해부학 연구는 인간이 기능적으로 어떻게 움직이는지를 이해하는 과정의 한 부분이었고, 이후로도 연구가 계속 이어지게 되었답니다.

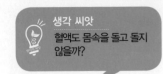

생각 씨앗
혈액도 몸속을 돌고 돌지
않을까?

혈액 순환을 알아내다 윌리엄 하비

> 실험을 하고 그 결과를 분석하는 일은 과학적 사고의 첫걸음이에요. 오늘날에는 이것을 당연하게 여기지만 윌리엄 하비가 살던 시대에는 매우 놀라운 생각이었어요. 하비는 실험을 통해 사람의 몸 안에서 피가 순환한다는 결론을 얻어냈어요. 이를 통해 실험과 관찰이 얼마나 중요한지 일깨워 주었지요.

과학적인 증거보다 철학자들의 사상을 더 믿었던 때가 있었어요. 사람들은 모든 판단과 추론이 적합한지 아닌지 알기 위해 아리스토텔레스와 같은 옛 선인들의 사상에 늘 견주어 생각했지요. 이런 분위기에서도 윌리엄 하비는 실험하고 관찰한 자료를 분석하는 일을 꾸준히 했어요. 이것은 오늘날 과학적 사고 과정의 중요한 요소예요. 하비가 살았던 시대에는 철학적 사고를 더 중요하게 생각했지만 하비는 실험을 통해 보다 과학적으로 증명하고 싶어 했지요.

17세기 영국은 대단히 혼란스러웠어요. '죽음의 병'이라는 흑사병이 수많은 목숨을 앗아간 것도 모자라 런던 전체에 큰 화재가 나 많은 사람들이 목숨을 잃었지요. 이 시기 하비는 이탈리아 파도바에 있는 의과 대학에서 공부한 뒤 영국으로 돌아와 찰스 1세를 돌보는 주

관습과 통념을
뒤흔든

치의가 되었어요. 왕의 주치의가 된 건 하비에게 매우 특별한 기회였어요. 왕이 사슴과 다른 동물들을 실험에 이용해도 좋다고 허락해 주었거든요. 하비는 첫 번째 실험에서 혈액이 온몸을 돌고 있다는 결론을 얻었어요.

'계절, 밤과 낮, 달의 운동 등 자연계에 일어나는 순환 현상이 우리 몸에서도 일어날 수 있지 않을까? 혈액이 만약 우리 몸을 쉬지 않고 돌고 있다면……?'

이렇게 생각한 하비는 바로 실험에 들어갔어요. 심장 박동을 세어 얼마나 많은 혈액이 심장에 들어있는지 계산도 해보고, 사슴과 뱀과 같은 동물들의 심장에 있는 정맥과 동맥을 차례로 막아 보면서 동맥으로 피가 나오고 정맥을 통해 심장으로 다시 피가 흘러 들어간다는 사실을 알아냈어요. 연구가 계속되면서 하비는 중대한 결론에 이르게 되었지요.

"혈액은 동맥에서 빠져나와 정맥으로 돌아간다."

하비의 주장은 그로부터 50년도 더 지난 후에 입증되었어요. 이탈리아의 의학자 마르첼로 말피기(1628~1694)가 현미경을 통해 혈관을 실제로 관찰하기 시작했지요. 하비의 가장 중요한 업적은 당시 사고 체계의 뿌리라 할 수 있는 고대 철학과 과학적 사고방식을 연결하는 다리 역할을 했다는 점이에요. 또한 새로운 이론을 정립하기 위해서는 실험과 측정 등 객관적인 증명 과정이 필요하다는 것을 일깨워 주었어요.

William Harvey

출생 1578년,
영국 포크스턴
교육 파도바 대학
업적 인체의 혈액 순환
발견
사망 1657년, 영국 런던

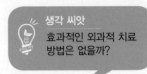
근대 의학의 길을 열다 존 헌터

스코틀랜드에서 태어난 존 헌터는 책을 보거나 공부하는 데에는 관심이 없고, 새 둥지를 찾으러 다니거나 동물을 쫓아다니느라 바빴어요. 학교마저 중간에 그만둬 버렸지요. 그런 존 헌터가 의학 분야에 큰 이름을 남겼어요. 삶의 전환점은 스무 살 때 찾아왔어요. 형이 다니던 학교의 해부학 교실 보조원으로 일한 것이 계기였지요.

런던의 해부학 교실에서 헌터가 맡은 일은 근육과 혈관, 신경이 보이도록 팔을 해부하는 것이었어요. 헌터의 해부 실력은 무척 훌륭했어요. 헌터는 사람도 다른 동물들과 비슷한 구조를 갖고 있지 않을까 생각하고는, 1759년 템스 강 하구에서 잡힌 돌고래를 시작으로 여러 동물들을 해부해 보았어요. 1761년 3월, 7년 전쟁이 정점에 있을 때 헌터는 육군 군의관으로 프랑스 서부 해안 연안의 벨 섬으로 떠났어요. 그곳에서 다친 병사들을 돌보면서 총상과 생리 작용에 대한 연구를 했는데, 이때 헌터의 주된 관심은 '상처가 나면 어떻게 세포 조직에 염증이 생기는가?' 하는 것이었어요. 이를 알아내기 위해 헌터는 상처 부위에서 혈관이 어떻게 부풀어 오르는지 세세히 기록했어요.

몸의 여러 기관의 작용을 이해하기 위해 헌터는 외과 의사가 되

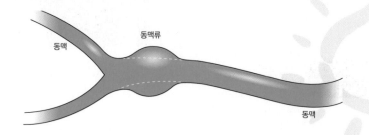

동맥류

동맥

동맥

동맥류는 약해지거나 상처를 입은 혈관벽에 생기는데 혈관이 팽창되어 풍선처럼 불룩해진 상태를 말한다. 두개골 내에 생겼을 때에는 뇌출혈이나 뇌졸중을 일으키기도 하며, 유전적 요인이나 질병에 의해 생길 수 있다.

었어요.

1785년 12월, 헌터는 허벅지가 부어 3년 동안이나 걷지 못하던 마부를 수술했어요. 부종은 동맥류 때문에 생긴 것이었어요. 동맥류는 풍선처럼 부풀어 올라 피가 제대로 흐를 수 없게 된 약한 동맥을 말해요. 헌터는 마부의 다리를 절단하는 대신 부종의 위쪽 부위인 사타구니를 절개해 봤어요. 근육에 대한 해부학적 지식이 남달랐던 덕분에 이런 방법을 쓸 수 있었지요. 헌터의 예상대로 곧 손상된 동맥이 드러났어요. 헌터는 부종 주위로 테이프를 감아 조여서 동맥의 두께를 보통 두께로 줄였어요. 6주 만에 마부는 걸어서 병원을 나갈 수 있었답니다

존 헌터는 임질과 매독 균을 자기 몸에 주사해 병의 진행 과정을 관찰하고 치료를 시도했다고 해요. 헌터의 실험 정신은 이후 제너에게 영향을 주었고 실험과 경험을 중시하는 근대 의학의 길을 열게 되지요.

John Hunter
출생 1728년, 스코틀랜드
교육 런던
업적 근대 의학의 길을 연 선구적인 외과 의사
사망 1793년, 영국 런던

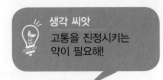

아스피린을 발견하다　펠릭스 호프만

'어떻게 하면 고통을 진정시킬 수 있을까?' 하는 문제는 오랫동안 의학 분야의 주요 관심사였어요. 오늘날 사용하는 진통제는 1897년 펠릭스 호프만이 아스피린 합성에 성공한 덕분에 만들어졌어요. 이전까지는 별 효과가 없는 진통제를 사용하거나 진통제 탓에 부작용을 일으켜 병이 악화되기도 했답니다.

고대 그리스 로마 시대에는 고통을 줄일 수 있는 차를 만들기 위해 버드나무 껍질 같은 식물을 우려냈다고 해요. 19세기 초 화학자들은 버드나무의 잎과 껍질 속에서 신맛이 나는 물질을 분리해내는 데 성공했어요. 이것은 무색의 바늘 모양 결정인 살리실산으로 통증을 가라앉히는 데 효과가 있었어요.

1859년에 독일의 화학자 헤르만 콜베는 살리실산의 화학적 구조를 알아냄으로써 실험실에서 인공적으로 합성하는 방법을 발견했고, 곧이어 드레스덴 외곽에 자리 잡은 헤이든 회사에서 진통제인 살리실산을 생산하기 시작했어요. 그런데 문제는 살리실산 약이 위장에 심한 자극을 주기 때문에 아무나 복용할 수가 없었어요.

독일의 화학자 펠릭스 호프만은 평생 만성 관절염으로 고통 받는 아버지를 보면서 자란 탓에 진통 요법에 특별한 관심을 갖고 있었어

관습과 통념을
뒤 흔 든

요. 독일의 제약회사인 바이엘 사의 연구원이던 호프만은 이미 알려진 화합물을 변형시켜 효능 높고 부작용은 거의 없는 새로운 약을 만들어 냈어요.

호프만이 연구 과정에서 자주 시도한 방법은 아세틸기를 다른 분자에 붙이는 것이었어요. 1897년 8월, 호프만은 드디어 살리실산에 아세틸기를 붙여서 아세틸살리실산을 만들었어요. 바이엘 제약 연구 소장인 하인리히 드레서는 새로운 약에 대한 동물 실험과 집단 임상 실험에 앞서 먼저 자신에게 직접 시험을 해 보았고 만족할 만한 결과를 얻어 냈지요. 결국 펠릭스가 대부분의 부작용을 줄인 매우 효과적인 진통제를 만든 것이에요. 바이엘 사는 곧바로 '아스피린'이라는 이름으로 유럽 특허를 신청했지만 특허를 인정받지 못했어요.

그 즈음 찰스 게르하르트라는 프랑스 화학자도 아스피린과 거의 비슷한 진통제를 만들었는데, 이 약은 미국 특허권을 받을 수 있었어요. 곧 세계적으로 아스피린의 효과에 대한 홍보가 대대적으로 이루어졌고, 그 결과 아스피린은 지금까지 매년 80억 알 이상이 복용되는 약이 되었지요.

아스피린의 진통 작용에 대해 과학자들이 명확히 알아내기까지는 펠릭스의 연구 이후 수십 년이 걸렸어요.

아스피린이 일상적으로 사용되기까지 오랜 과정이 있었지만 아버지의 고통을 덜고자 했던 호프만의 열망은 수많은 사람들을 고통으로부터 벗어나게 했어요. 이것은 인류에게 엄청난 혜택이라 할 수 있지요.

Felix Hoffmann
출생 1868년, 독일 바덴 뷔르템베르크 루트비히스부르크
교육 뮌헨
업적 아스피린 합성
사망 1946년, 스위스

혈액의 비밀을 풀어내다 카를 란트슈타이너

> 오늘날 병원에서 누군가의 혈액을 채취해 다른 환자에게 수혈하는 것은 자연스러운 일이에요. 하지만 수혈이 처음 시도되었을 때 혈액을 받은 사람은 부작용으로 목숨을 잃기도 했어요. 카를 란트슈타이너는 안전한 수혈이 가능하도록 혈액의 비밀을 풀어 낸 사람이에요.

우리 몸의 60퍼센트 이상은 혈액으로 이루어져 있고, 혈액은 각각 다른 일을 하는 여러 가지 형태의 세포로 구성되어 있어요. 적혈구는 폐에서 온몸의 조직 세포로 산소를 운반하기도 하고 온몸의 조직 세포에서 폐로 이산화탄소를 운반하기도 해요. 백혈구는 세균과 바이러스에 저항해 싸우고 혈소판은 혈액이 응고하는 것을 돕지요. 이 세포들은 혈장이라고 불리는 액체에 떠다녀요. 1875년 독일의 생리학자 레오나드 란도이스는 양(羊)의 혈액에서 적혈구를 분리해 개(犬)의 혈청과 섞었어요. 그러고 나서 이 혼합물을 체온과 같은 온도로 유지시키면서 현미경으로 반응을 살폈지요. 그 결과 혈청 때문에 혈액이 응고되지는 않았지만 적혈구는 2분 만에 파괴되었어요. 란도이스는 사람에게 동물의 피를 수혈해도 이런 현상이 일어날 수 있고, 죽음에 이를 수 있다고 추측했어요.

당시 의사들은 여러 질병을 치료하기 위해 동물의 피를 사람의 몸에 수혈하고 있었어요. 이 치료로 목숨을 잃기도 했고, 겨우 목숨은 건졌지만 심한 부작용을 겪기도 했어요.

란도이스도 수혈 과정에서 혈액이 손상되는 사실을 알아냈지만 그 이유를 명확히 밝히지는 못했어요. 그로부터 25년이 흐른 뒤 오스트리아 과학자 카를 란트슈타이너가 그 답을 찾았어요.

란트슈타이너는 22명의 연구실 직원으로부터 혈액을 채취한 뒤 각각을 섞어 보면서 반응을 관찰했어요. 그 결과 사람들의 혈액을 세 그룹으로 나눌 수 있다는 결론을 내리고 A, B, C로 구분했어요. 1년 뒤에는 네 번째 그룹을 발견했는데, A나 B 타입, 어느 쪽의 적혈구도 응고되지 않아, 란트슈타이너는 O 그룹으로 분리했어요.(후에 네 번째 그룹은 AB형, C그룹은 O형이 되었다.)

혈액에 포함된 항체는 보통 박테리아나 바이러스에 저항하는 방어 체제이지만, 몸 밖에서 들어온 성격이 다른 혈액 세포를 공격하기도 해요. 혈액 세포는 작은 단백질로 덮여 있기 때문에 서로 다른 형태의 혈액 그룹들이 존재해요. 즉, A 그룹의 단백질 형태와 B 그룹의 단백질 형태가 서로 달라요. 만약 B 그룹 혈액에 A 그룹의 피를 주입하면 항체가 그것을 알아채고 세포를 파괴하는 반응을 유발해요. 단, 네 번째 그룹은 이런 반응이 일어나지 않기 때문에 모든 사람에게서 수혈이 가능하답니다. 란트슈타이너의 이 놀라운 발견은 안전한 수혈과 성공적인 외과 수술의 가능성을 열어 주었어요.

Karl Landsteiner

출생 1868년,
오스트리아 빈
교육 비엔나 대학
업적 혈액형 발견
사망 1943년, 미국 뉴욕

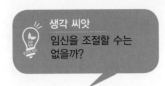
생각 씨앗
임신을 조절할 수는
없을까?

경구 피임약을
만들다 **칼 제라시**

{ 경구 피임약은 원치 않는 임신을 막기 위해 먹는 약이에요. 종교적으로 피임
약에 대한 반대 의견도 있지만 어떤 사람들은 인류 역사의 가장 위대한 발
명품이라고도 해요. 여성이 보다 활동적으로 일할 수 있는 데다 급격한 인
구 증가를 막는 데도 효과적이니까요. 칼 제라시는 초기의 피임약에 사용
된 노르에신드론이라는 성분을 화학적으로 처음 합성한 위대한 화학자예요. }

오스트리아의 루드비히 하버란트는 새끼를 밴 토끼
의 난소에 새끼를 배지 않은 토끼의 난소를 이식해 보
았어요. 이 실험의 목적은 새끼를 밴 토끼의 호르몬이
일시적으로 임신을 막아줄 수 있는지 알아보는 것이었
어요. 과연 하버란트의 예상은 적중했어요. 새끼를 밴
토끼의 난소를 이식받은 토끼들은 배란이 되지 않아 새
끼를 밸 수가 없었어요. 이로써 하버란트는 임신을 예
방할 수 있는 방법의 실마리를 찾게 되었지요. 토끼의 난소 이식 실험
을 통해 하버란트는 '일시적인 호르몬 억제로 인해 임신을 예방할 수
있다'는 결론을 얻었어요. 1927년 1월 20일자 신문에는 하버란트의 연
구에 대해 다음과 같은 제목의 기사가 실렸어요.

"나의 목적 : 많지는 않아도 정말 원하는 아이"

무조건 많이 낳기보다 부모가 책임질 수 있을 만큼만 계획하여 아

관습과 통념을
뒤 흔 든

이를 낳겠다는 것이지요.

몇 년 뒤 과학자들은 임신한 여성의 난소에서 배란을 억제하는 프로게스테론 호르몬이 상당량 만들어진다는 것을 알아냈어요. 하버란트의 연구대로라면 이 호르몬을 임신하지 않은 여성에게 주입하면 일시적으로 임신을 막을 수 있다고 보았지요. 그런데 문제는 이 프로게스테론을 인공적으로 만들어 내는 것이 쉽지 않다는 거였지요.

이즈음에 칼 제라시는 남아메리카에서 자라는 '얌'이라는 식물에서 추출한 디오스게닌에서 여러 가지 호르몬을 합성하는 연구를 진행하고 있었어요. 디오스게닌은 프로게스테론으로 쉽게 바뀔 수 있는 물질이었지요. 1951년, 제라시는 루이스 미라몬테스라는 젊은 멕시코 화학자와 함께 남성 호르몬의 일종인 '노르에신드론'을 합성하는 데 성공했어요. 이렇게 합성한 '노르에신드론'은 알약의 형태로 복용해도 잘 흡수되었고 프로게스테론과 똑같은 효과를 보였어요.

그러나 제라시는 이 약이 세상을 바꿀 것이라고는 짐작하지 못했어요. 그저 배란이 좋지 않은 여성을 도울 수 있을 것이라고만 생각했지요. 1956년, 푸에르토리코와 아이티의 연구자들이 6,000명의 여성을 대상으로 임상 실험을 한 뒤 세상은 발칵 뒤집혔어요. 제라시가 만든 약이 임신 주기를 조절할 수 있게 되었으니까요. 곧이어 '경구 피임약'이 탄생하면서 사람들의 예상은 현실이 되었어요. 제라시의 약은 여성의 사회적 지위에 변화를 가져왔어요. 또한 임신과 유산을 조절할 뿐 아니라 여러 가지 암이나 질병을 예방하는 데에도 큰 도움이 되었어요.

Carl Djerassi
출생 1923년,
오스트리아 빈
교육 미국 위스콘신 대학
업적 경구 피임약의 화학적 합성

2장

생물학

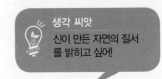

생각 씨앗
신이 만든 자연의 질서
를 밝히고 싶에!

생물을 분류하다 칼 린네

{ 린네는 셀 수 없이 다양한 생물들을 몇 가지 특징에 따라 분류할 수 있다는 것을 깨달았어요. 분류학에서의 린네의 업적은 생물에 새로운 이름을 붙인 것 이상의 의미를 지니고 있지요. 린네가 설계한 과학적 분류 방법은 현재까지 생물학의 기본적인 토대를 이루고 있답니다. }

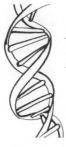

분류학은 이미 알려져 있거나 새롭게 발견한 생물에 이름을 붙이고, 관찰을 통해 무리를 분류하는 학문 분야예요. 기원전 4세기의 아리스토텔레스도 관찰을 토대로 생물을 분류하는 작업을 한 적이 있어요. 17세기 이후 항해술의 발달로 새롭게 알려진 생물종이 크게 늘어나자 생물을 체계적으로 구분하는 방법이 필요하게 되었어요.

의과 대학을 다니던 칼 린네는 1731년과 1734년, 라플란드와 스웨덴 중부에서 식물을 수집하고 연구하기 위해 원정에 올랐어요. 학교를 졸업하고 1741년까지는 당시 명문이던 스웨덴의 웁살라 대학에서 학생들을 가르치고 환자들을 돌보기도 했어요. 그러면서도 학생 19명을 세계 곳곳으로 보내 연구 활동을 계속했지요.

린네는 신이 세상을 창조했기 때문에 모든 만물은 신의 질서 속에 존재한다는 신념을 갖고 있었어요. 그래서 자신과 학생들이 수집한 모

관습과 통념을
뒤 흔 든

든 식물의 생식 기관뿐만 아니라 그 형태와 기능까지 연구했지요. 식물의 생식 기관이란 꽃가루를 만드는 수술과 꽃가루를 받아 씨를 만드는 암술을 말하는데, 린네는 이러한 생식 기관의 수와 형태에 따라 각 식물을 분류했어요. 그러한 내용을 정리한 책이 『자연의 체계』랍니다. 『자연의 체계』에서는 약 4,000여 종의 동물과 5,000여 종의 식물을 분류하고 있어요. 당시 린네는 동물계와 식물계를 나누고, 강, 목, 속, 종의 순으로 분류했어요. 오늘날에는 미생물이 포함된 원생 생물계가 추가되었고, 여기에서 다시 원핵 생물계가 분리되어 나왔어요. 식물계에서는 균계가 분리되었어요. 아마 시간이 흘러 새로운 생물들이 계속 발견되면 분류 방법은 또다시 바뀌겠지요.

중요한 것은 린네가 개발한 '이명법'이 현재까지 남아 있다는 거예요. 이명법이란 각 생물종의 이름을 두 부분으로 나누어 말하는 거예요. 예를 들어 인간의 학명은 '호모 사피엔스'가 된답니다. 앞부분의 호모는 생물이 속해 있는 큰 그룹 또는 생물 분류상의 속(屬)을 말하고, 뒷부분의 사피엔스는 개별적인 종(種)의 특징에 따라 구체적으로 붙인 이름이에요.

18세기의 과학자 린네가 세운 생물종에 대한 분류 방법은 생물학 연구에서 오랫동안 활용되었어요. 20세기 말에 새로운 유전학적 발견으로 체계가 조금 바뀌고, 명칭도 약간 변했지만 여전히 큰 영향력을 발휘하고 있다고 할 수 있지요.

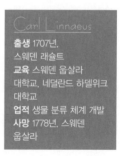

Carl Linnaeus

출생 1707년,
스웨덴 래슐트
교육 스웨덴 웁살라
대학교, 네덜란드 하델위크
대학교
업적 생물 분류 체계 개발
사망 1778년, 스웨덴
웁살라

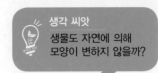
진화론을 주장하다 찰스 다윈

> 찰스 다윈은 자연에서의 새로운 종은 자연 선택 과정을 통해 진화된 것이라
> 고 생각했어요. 즉, 자연 환경 조건에 따라서 생물이 조금씩 변화한 것이라고
> 여긴 것이지요. 다윈의 이론은 생물학 분야뿐만 아니라 당시 그 위에 군림하
> 고 있던 신학적 세계까지도 바꾸는 혁명적인 이론이었어요.

숲을 돌아다니며 채집하는 것을 좋아했던 다윈은 성직
자가 되기 위해 케임브리지 대학을 다니는 중에도 식물학
교수와 지질학자를 따라다니며 표본을 채집하거나 탐사 활
동을 하느라 바빴어요. 1831년, 드디어 다윈의 삶에 큰 전
환점이 찾아왔어요. 로버트 피츠로이 선장을 따라 비글호
를 타고 남아메리카 탐사를 떠나게 된 것이지요. 남아메
리카에서 다윈은 단순한 형태에서 복잡한 형태로 변화하는 생물 화
석을 발견하고, 남아메리카 남서쪽 해안에서는 1미터에서 3미터까지
땅이 높아지는 지진을 직접 경험하기도 했어요. 얼마 후에는 높은 산
에서 조개 화석을 발견하기도 했어요. 다윈의 머릿속에서 한 가지 놀
라운 생각이 스쳤어요.

'지진 같은 자연 현상으로 땅의 모양이 계속 변하듯이 생물도 자연
에 의해 모양이 계속 변하지 않을까?'

이후 다윈은 1835년 9월에서 10월까지 화산 활동으로 만들어진 태평양 제도를 탐사했어요. 갈라파고스 제도에서 다윈은 섬에 사는 다양한 생명체를 보고 무척 놀랐어요. 이 중 다윈의 호기심을 가장 자극한 것은 갈라파고스에 사는 핀치새의 부리 모양이었어요. 핀치새는 각각 서식하는 곳의 특별한 먹이에 적합하도록 각각 다른 모양의 부리를 갖고 있었거든요. 껍질이 딱딱한 열매를 먹는 핀치는 두꺼운 부리를, 작은 풀씨만 먹는 새는 작은 부리를, 또 나무 속의 벌레를 잡아먹는 핀치의 부리는 길쭉했어요. 이로써 다윈은 생물 종이 진화의 과정을 통해 다른 종으로 발전한다는 결론을 내렸지요. 당시 탐험가인 알프레드 월리스도 극동 지역에 머무르면서 생물 표본을 모으고 있었어요. 월리스의 이론은 다윈의 이론과 매우 비슷했어요. 당황한 다윈은 1858년 자신의 이론을 런던의 린네 협회에 먼저 발표했지요. 그리고 1859년 『종의 기원』이라는 책을 펴냈어요. 이 책에서 다윈은 생물이 자연 선택에 의해 끊임없이 진화한다고 주장했어요.

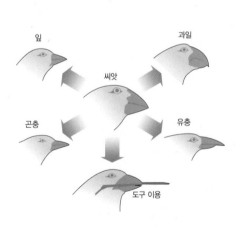

Charles Darwin
출생 1809년,
영국 슈루즈베리
교육 케임브리지 대학교
업적 진화론
사망 1882년, 영국 다운

갈라파고스 섬을 여행하면서 다윈은 각 섬에서 먹이에 따라 모양이 다른 여러 종류의 핀치를 보았다. 이 관찰을 통해 다윈은 자연 선택설을 주장했다.

Evolution
진화

찰스 다윈의 『종의 기원』에는 생물이 자연 환경에 적응하면서 그에 맞게 모습이 점차 진화했다는 내용이 실려 있어요. 이 이론은 생물학적 특성을 이해하기 위한 인류의 오랜 노력이 구체적으로 드러난 결과라고 할 수 있어요.

고대 그리스의 철학자 아리스토텔레스와 그의 제자이자 식물학의 아버지로 알려진 테오프라스토스는 식물과 동물의 특성을 명확하게 분류할 수 있다고 생각했어요. 일반적으로 동식물은 자신과 닮은 자손을 낳는다는 사실이 이러한 생각을 뒷받침해 주었지요. 2000년 동안 이들의 생각은 보편적인 진리였어요. 신이나 다른 어떤 창조적인 힘에 의해 지구상의 모든 종이 만들어진 뒤에는 서로 섞이지 않는 생물학적 경계를 이루었다는 것이지요.

찰스 다윈이 비글호를 타고 남아메리카와 태평양의 갈라파고스 섬으로 항해를 시작했을 무렵 사람들은 생물을 이해하는 이전의 견고한 생각에 의문을 품기 시작했어요. 찰스 라이엘은 지구의 구조를 연구하면서 지구가 어쩌면 수백만 년 동안 존재해 왔을지 모른다고 생각했어요. 그때까지는 다들 지구의 역사가 수천 년 정도 되리라고 생각했지만 말이에요.

1859년 11월 24일, 다윈이 『종의 기원』을 펴냈을 때 과학은 미지의 세계로 큰 걸음을 내디뎠어요. 이 책의 전체 제목은 『종의 기원에 대하여,

관습과 통념을
뒤 흔 든

혹은 생존 경쟁에서 선호되는 종족의 보존에 대하여』였어요. 이 책에서 다윈은 환경에 가장 잘 적응한 동물이 자손을 남기기 쉬울 뿐만 아니라 그들의 특질을 다음 세대에도 전하게 된다고 주장하고 있어요. 또 광범위한 동식물 연구 방법을 덧붙여 설명하고 있지요.

훗날 다윈은 생물이 끊임없이 변화를 거치면서 그들의 조상과 아주 다른 개체를 만들어 낼 수도 있다고 생각했어요. 다시 말해서, 완전히 새로운 종으로 여겨질 정도의 변화가 가능하다고 본 것이지요. 다윈이 살던 시대에는 디엔에이(DNA)와 같은 유전자가 과학적으로 증명되지는 않았어요. 그래서 한 세대에서 다음 세대로 생물의 형질이 전달되는 원리는 베일에 싸여 있었지요. 그러나 오스트리아 수도사 그레고어 멘델은 생물의 형질이 각각의 정보 단위(유전자)에 의해 다음 세대로 전달된다는 것을 밝혀냈어요. 멘델은 이 과정을 설명하기 위해 수학적이고 통계적인 규칙을 사용했답니다.

오늘날 우리는 유전에 대해 좀 더 세부적인 원리를 알게 되었어요. 대부분의 생물은 공통의 조상에게서 두드러지게 나타나는 기본 유전자를 공유하고 있어요. 이것은 그 생물의 생명활동에 꼭 필요한 요소지요. 이들의 차이점을 분석하면 생물의 진화에 대한 궁금증이 풀리지 않을까요? 다윈이 살아 있다면 틀림없이 이 과정에 깊이 매료되었을 거예요.

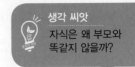

생각 씨앗
자식은 왜 부모와
똑같지 않을까?

유전학의 아버지 그레고어 멘델

{ 그레고어 멘델과 찰스 다윈은 같은 시대를 살았지만 서로 만난 적이 한 번도 없었어요. 다윈이 생물의 진화에 대해 연구하고 있을 때 멘델은 오랜 연구 끝에 생물의 형질이 한 세대에서 다음 세대로 전해진다는 증거를 발견했답니다. }

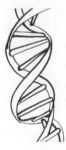

농사를 짓는 부모님을 도와 어릴 적부터 농작물을 키우고 가축들을 돌보며 자란 멘델은 자연 속에 존재하는 다양한 생물을 가까이에서 관찰할 수 있었어요. 그러는 가운데 이런 의문이 들었어요.

'부모의 특성이 자녀에게 전달된다면 왜 액체를 섞을 때처럼 똑같이 섞이지 않는 것일까?'

멘델은 그 답을 찾기 위해 오랫동안 실험을 했어요. 1866년 발표한 첫 번째 논문 「식물 교잡 실험」에서는 어떻게 여러 형태의 완두콩을 번식시켰는지를 설명했지요. 멘델은 통계를 얻기 위해 2만 8,000개의 완두콩을 교배했어요. 먼저 매끄러운 콩과 주름진 콩을 교배하자 그다음 세대는 모두 매끄러운 콩이 나왔어요. 그런데 두 번째 세대를 다시 교배하자 일부는 매끄러운 콩이, 또 일부는 주름진 콩이 나왔어요. 멘델은 완두콩 실험을 통해 자신의 유전 이론을 세 가지로 정리

관습과 통념을
뒤흔든

했어요. 첫째는 '우열의 법칙'이에요. 서로 다른 모양의 생물을 교배시켰을 때, 다음 세대에서 한쪽 형질만 나타나고 다른 쪽 형질은 나타나지 않는 현상이에요. 이때, 겉으로 나타나는 형질이 우성이고 나타나지 않는 형질이 열성이에요. 둘째는 '분리의 법칙'이에요. 이것은 한 쌍의 대립 유전자가 각각 분리되어 다음 세대에 전달되는 현상이지요. 셋째는 '독립의 법칙'이에요. 두 쌍 이상의 대립되는 형질이 함께 유전될 때 각 형질은 우열의 법칙과 분리의 법칙에 따라 독립적으로 유전된다는 거예요. 안타깝게도 멘델이 죽을 때까지 아무도 이 연구에 관

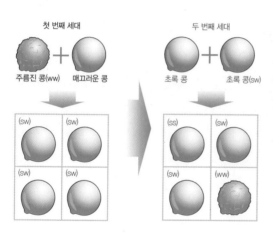

Gregor Mendel
출생 1822년, 오스트리아
교육 빈 대학교
업적 생물 형질의 독립적 유전 과정 발견
사망 1884년, 오스트리아 제국 브륀(지금의 체코 브르노)

주름진 콩은 부모의 형질이 모두 '주름진'(ww) 품종일 때만 나타난다.

심을 갖지 않았어요. 멘델이 죽고 십여 년이 흐른 뒤 네델란드의 휘고 드브리스, 독일의 카를 코렌스, 오스트리아의 세이세네크 체르마크라는 세 명의 식물학자가 멘델의 연구를 다시 반복해 보았고 같은 결과를 얻었어요. 이로써 유전학이라는 새로운 분야의 문이 열렸고, 멘델의 연구는 생명 형성의 비밀을 푸는 열쇠가 되었지요.

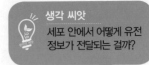
바버라 매클린톡

이동 유전자를 발견하다

유전자의 본체라 하는 DNA의 구조나 유전 정보 전달 과정이 과학적으로 증명되지 않았을 때에 바버라 매클린톡은 유전학 분야에 놀라운 업적을 이루어 냈어요. 매클린톡은 유전자가 자유롭게 염색체 안을 돌아다니고 있다는 사실을 밝혀냈답니다.

매클린톡은 어려서부터 매우 독립적이고 활동적인 아이였어요. 코넬 대학에 진학해서는 식물학을 공부하면서 장차 학자가 되는 꿈을 키웠지요. 매클린톡이 생물의 유전에 대한 연구를 시작할 즈음 당시 과학자들은 세포의 핵 안에 있는 아령 모양의 물질이 어쩌면 유전 정보를 전달할지도 모른다고 생각했어요. 오늘날 우리는 이 물질을 '염색체'라고 부르지요. 멘델의 실험을 통해 과학자들은 꽃 색깔이나 완두콩 모양 같은 특성은 독립적으로 유전된다는 것을 알았어요. 하지만 아무도 그 과정을 명확하게 설명할 수는 없었지요. 1927년, 매클린톡은 옥수수 세포에 존재하는 10개의 서로 다른 염색체를 연구하다가 생식 세포를 만드는 과정에서 염색체의 일부분이 바뀌는 것을 관찰했어요. 그 뒤 엑스선에 노출된 옥수수를 관찰할 때는 세포 중에 끊어지거나 새로 결합한 것들이 있다는 것을 발견했지요. 매클린톡은 현미경으로 그 세포들을 자세히 들여다보다 고리 염색체를 발견했어요.

이 발견을 통해 매클린톡은 세포에 쌍으로 존재하던 염색체가 떨어져 쪼개지기 전에 없어지거나 융합될 수 있다는 것을 알았어요. 이후 인디언 옥수수의 색깔에 대한 연구에서는 또 한 가지 이상한 유전 과정을 발견했어요. 옥수수 낟알이 만들어지는 중에 어떤 유전자가 세포에서 점프하듯이 이동하는 것이었지요. 매클린톡은 이를 '유전자의 자리바꿈'이라고 했어요. 매클린톡의 이 연구는 기대와는 달리 많은 비웃음을 받았어요. 그러나 30년 뒤 매클린톡의 연구가 얼마나 놀라운 것이었는지가 증명되었어요. 1983년 노벨 생리 의학상 수락 연설을 할 때 매클린톡은 이렇게 말했어요.

"1900년 멘델의 유전 원리에 대한 재발견 후 지금까지 유전학 연구에 몰두했지만 이 명백한 유전 원리는 아직도 제대로 인정받지 못하고 있습니다."

매클린톡의 이론이 그토록 오래 인정받지 못한 이유는 당시 많은 과학자들이 유전자는 절대 이동할 수 없고, 이동하게 되면 제대로 기능할 수 없을 것이라고 여겼기 때문이에요. 그러나 매클린톡은 유전자가 구별되는 단위이고 움직이더라도 본래의 기능을 갖고 있다고 결론 내렸어요. 결국 매클린톡은 자신의 주장이 옳다는 것을 증명했고, 유전자의 본질에 대한 매클린톡의 이론은 현대 유전학을 뒷받침하는 증거가 되었어요.

Barbara
McClintock

출생 1902년,
미국 하트퍼드
교육 코넬 대학교
업적 이동 유전자 발견
사망 1992년, 뉴욕 헌팅턴

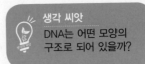
생각 씨앗
DNA는 어떤 모양의
구조로 되어 있을까?

DNA 구조를 발견하다 | 프랜시스 크릭과 제임스 왓슨

관심 분야가 서로 같았던 크릭과 왓슨은 만나자마자 친해졌어요. 매일 점심을 같이 먹고 실험을 하며 많은 생각을 나누었지요. 두 사람은 1953년 전 세계가 깜짝 놀랄 만한 연구 논문을 발표했어요. 모든 생명의 기본 특성을 결정하는 생명 분자인 DNA의 구조를 밝혀냈답니다.

1951년, 영국 케임브리지 소속 의학 연구 협회에서 프랜시스 크릭과 제임스 왓슨이 처음 만났을 때 둘은 서로의 관심사가 같다는 것을 알았어요. 바로 DNA였어요. 그 즈음 과학자들은 DNA가 아데닌, 구아닌, 사이토신, 티민으로 이루어져 있다는 것을 알았어요. 이 화합물이 유전의 핵심 성분이며, 대부분 세포의 핵에 유전 정보가 저장되어 있다는 것도 확신했지요. 그러나 작은 세포 안에 각 기관과 몸의 모양을 형성하는 수많은 정보가 어떻게 저장될 수 있는지는 여전히 큰 의문이었어요. 크릭과 왓슨은 DNA의 구조를 연구하는 데 푹 빠져서 시간 가는 줄도 몰랐어요. 그러던 중 로절린드 프랭클린이라는 과학자가 엑스선 회절 사진을 발표하는 것을 보고, DNA가 나선형 구조로 이루어져 있다는 것을 알아챘어요. 왓슨과 크릭은 DNA를 이루는 아데닌, 구아닌, 사이토신, 티민이라는 네 가지 '염기'의 축소 모형

관습과 통념을
뒤흔든

을 만들었어요. 또 염기들이 사슬 모양이라는 것을 파악하자 중앙에 나선 뼈대를 놓고 네 가지 염기들을 연결하여 삼중 나선 배열을 만들어 보려 했지요. 1952년 12월, 크릭과 왓슨은 놀라운 소식을 들었어요. 라이너스 폴링이 DNA의 구조를 밝혀냈다는 것이었어요. 그러나 폴링의 연구에는 여전히 오류가 있었어요. 이때 DNA 연구의 선배였던 모리스 윌킨스도 연구에 합류했어요.

DNA 구조는 두 가닥의 DNA가 염기쌍을 중심으로 나선형으로 꼬여 있는데, 이 배열 순서에 유전 정보가 들어 있다.

윌킨스가 왓슨에게 프랭클린의 DNA 엑스선 사진을 몰래 보여 준 것이었어요. 프랭클린의 엑스선 사진은 결정적인 힌트를 주었어요. 1953년 3월 7일, 크릭과 왓슨은 드디어 아데닌, 구아닌, 사이토신, 티민이라는 네 가지 염기가 쌍을 이뤄 결합한다는 것에 착안하여, DNA는 두 가닥이 염기쌍을 중심으로 나선형으로 꼬여 있는 구조라고 발표했어요. 크릭과 왓슨은 이 네 가지 염기가 결합해 유전 정보를 전달한다고 밝혔지요. 이로써 본격적인 유전학의 시대가 열렸어요.

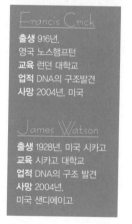

Francis Crick
출생 916년,
영국 노스햄프턴
교육 런던 대학교
업적 DNA의 구조발견
사망 2004년, 미국

James Watson
출생 1928년, 미국 시카고
교육 시카고 대학교
업적 DNA의 구조 발견
사망 2004년,
미국 샌디에이고

50인의 과학 멘토

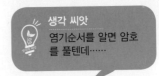

생각 씨앗
염기순서를 알면 암호를 풀텐데……

**DNA 언어를
해독하다**

프레더릭 생어

{ 노벨상을 한 번 받는 것만도 엄청난 영광일 텐데 두 번이나 받는다면 그야말로 특별하지 않을까요? 프레더릭 생어는 아미노산이 어떻게 인슐린 단백질을 만드는지 보여 줌으로써 첫 번째 노벨상을 받았고, 유전 코드를 만드는 분자의 서열을 정렬하는 방법을 개발해서 다시 노벨상을 받았어요. }

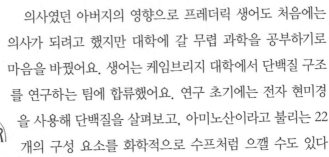

의사였던 아버지의 영향으로 프레더릭 생어도 처음에는 의사가 되려고 했지만 대학에 갈 무렵 과학을 공부하기로 마음을 바꿨어요. 생어는 케임브리지 대학에서 단백질 구조를 연구하는 팀에 합류했어요. 연구 초기에는 전자 현미경을 사용해 단백질을 살펴보고, 아미노산이라고 불리는 22개의 구성 요소를 화학적으로 수프처럼 으깰 수도 있다는 것을 알았지요. 당시 과학자들은 이 아미노산이 긴 사슬 모양으로 결합되었다는 것을 알았지만 어떤 순서로 결합되어 있는지는 도무지 알 수 없었어요. 아미노산으로 이루어진 단백질은 생명체를 구성하는 주요 물질로 성장이나 면역 등과 관련이 깊어요. 이 아미노산의 수와 종류, 결합 방법에 따라 수많은 단백질이 만들어져요.

처음부터 생어는 혈당을 일정하게 유지시켜 주는 인슐린에 관심이 많았어요. 그래서 사슬이 해체될 때까지도 강하게 결합된 마지막 아

관습과 통념을
뒤 흔 든

미노산을 잡아 염색을 했어요. 단백질 사슬의 끝을 표시해 둔 것이지요. 그리하여 어떤 것이 사슬의 처음이고 끝인지를 파악했고, 둘이나 셋, 또는 너덧 개의 아미노산으로 사슬을 끊는 방법도 개발했어요. 이런 방법으로 오랫동안 연구한 끝에 생어는 인슐린 분자를 이루는 51개의 아미노산의 순서를 밝혀내기에 이르렀어요.

생어는 더 나아가 우리 몸을 만드는 DNA의 염기 서열을 판독할 수도 있다고 여겼어요. 어떤 면에서 이 작업은 인슐린 연구보다는 더 간단했어요. 왜냐하면 DNA는 네 종류의 염기로 이루어져 있으니까요. 그러나 인간의 경우 약 30억 개의 염기들이 특정한 순서로 배열되어 있어요. 생어의 야심찬 도전을 보고 사람들은 이 엄청난 퍼즐을 생어가 맞출 수 있을지 궁금해했지요.

생어는 매우 간단하면서도 놀라운 아이디어로 이 문제를 풀었어요. 각각 다른 염기의 서열 조각을 만든 뒤, 각 조각의 길이를 측정해서 DNA 염기 서열을 알아내는 방법이었지요. 이 방법은 지금도 유전자 분석을 할 때 사용되고 있어요.

DNA에 숨겨진 암호는 생어에 의해 결국 해독되었어요. 기본 단위인 뉴클레오타이드에는 네 종류의 염기가 존재하고, 이 염기 코드는 A, C, T, G라는 네 개의 문자로 표현돼요. 하나의 아미노산을 만드는 데는 세 개의 문자를 조합해야 해요. 최근 과학자들은 인간 세포의 핵에 있는 DNA, 즉 인간 게놈에 포함된 30억 개에 이르는 염기 서열과 씨름하고 있어요. 생어의 연구가 없었다면 인간 게놈 프로젝트도 실현될 수 없었을 거예요.

Frederick Sanger
출생 1918년, 영국 렌드콤
교육 케임브리지 대학교
업적 유전자 언어 해독

The Human Genome Project
인간 게놈 프로젝트

어떤 연구는 혼자 힘으로 해낼 수 있는 것도 있지만, 어떤 연구는 수많은 과학자들이 공동으로 오랫동안 연구한 뒤에야 한 단계씩 답을 찾을 수 있어요. 과학자들은 종종 이러한 거대한 공동의 목표를 갖고 열정을 쏟아부어요. 인간 염색체를 이루는 DNA의 전체 염기 서열을 분류하는 것도 그런 중요한 일이지요. 우리는 이것을 '인간 게놈 프로젝트'라고 부른답니다.

생명을 유지하기 위해 낱낱의 세포에 들어 있는 유전자의 총량을 '게놈(genome)'이라 하는데, 이는 유전자(gene)와 염색체(chromosome)라는 두 단어를 합성해 만든 말이에요.

그런데 궁금한 건 우리 몸 어디에 유전자가 숨어 있냐는 거예요. 인간의 몸은 수조 개의 세포로 이뤄져 있어요. 각각의 세포의 핵에는 1쌍의 성 염색체(여성은 XX, 남성은 XY)를 포함한 23쌍의 염색체가 존재해요. 여기에서 염색체를 구성하는 성분이 바로 DNA이고, 이 DNA에 유전자의 비밀이 담겨 있답니다.

20세기에 들어서서 과학자들은 DNA가 아데닌, 구아닌, 사이토신, 티민이라는 네 가지 염기로 이루어졌다는 것을 밝혀냈고, 이들이 배열된 순서에 따라 유전 정보가 달라진다는 것을 알아냈어요.

인간의 경우에는 무려 30억 개의 염기가 존재해요. 인간 게놈 프로젝트는 30억 개나 되는 이들 염기가 각각 어떤 순서로 배열되어 있는지를 밝히는 거대한 과학 프로젝트랍니다. 만약 이에 해당되는 유전 코드를 빼곡히 써 나간다면 6,000권의 종이책과 맞먹을 거라고 해요. 하지만 30억 개의 염기가 모두 단백질을 만들어 내지는 않아요. 지금까지 알려진 인간의 단백질 종류는 약 10만 개에 달할 뿐이에요. 전체 염기를 기준으로 놓고 봤을 때 겨우 2퍼센트에 해당해요.

1980년대 과학자들은 염기 배열 순서를 알아내는 방법을 개발하기 시작했어요. 그리고 연구를 뒷받침할 만한 충분한 인원이 꾸려지고 정부가 필요한 자금만 지원해 준다면 인간 유전자에 관한 전체 지도를 그리는 일이 가능하리라 믿었지요.

1990년 본격적으로 인간 게놈 프로젝트가 시작되었어요. 여기에는 미국, 영국이 주도해 18개국의 과학자들이 참여했어요. 컴퓨터 기술의 발달로 15년으로 잡은 예상 기간이 훨씬 앞당겨졌어요. 1999년, 인간 유전자에 대한 염기 서열의 초안이 만들어졌어요. 1년 후에는 미국의 빌 클린턴 대통령과 영국의 토니 블레어 총리가 인간 게놈 프로젝트가 완성되었다는 기자 회견을 열었어요.

애초에 과학자들은 인간의 유전자 수가 단백질 수와 같은 10만 개일 것이라고 예상했지만 놀랍게도 2만~3만 개뿐이라는 사실을 알고 깜짝 놀랐다고 해요. 초파리에 비해 두 배 많을 뿐이고, 쥐와는 거의 비슷했으니까요.

인간 게놈 프로젝트는 생명공학 회사와 의학 분야에서도 큰 관심을 가졌어요. 건강을 지키고 암과 같은 큰 질병을 치료하는 데 있어 유전자 지도가 큰 도움이 되기 때문이지요.

50인의 과학 멘토

3장

질병과의
싸움

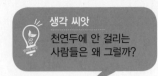
천연두 백신을 개발하다 에드워드 제너

천연두는 한 번 걸렸다 하면 급속도로 병이 진행되어 감염된 사람 중 3분의 1을 죽음에 이르게 한 무시무시한 병이었어요. 이 병에 걸리면 고열과 구토, 발진, 물집, 종기가 나타나는데, 설령 죽지 않는다 해도 상처 자국이 흉터로 남아 '곰보'라고 불리며 지워지지 않는 상처가 되었어요. 에드워드 제너는 이 무서운 질병을 예방하는 약을 만들어 낸 사람이에요.

18세기에는 박테리아나 바이러스에 대해 아무도 알지 못했어요. 천연두 역시 마찬가지였어요. 천연두는 유행성 독감과 비슷한 증세가 나타나다가 온몸에 발진이 생겼는데, 이 발진이 고름이 가득 찬 물집으로 변하고, 결국 콩팥과 폐가 감염되어 죽어 갔어요. 유일하게 면역이 되는 방법은 천연두에 한 번 걸렸다가 살아나는 것이었어요. 중국 의사들은 예방법으로 천연두 환자의 발진 딱지나 천연두에 걸린 소에 붙어사는 벼룩을 갈아서 사람의 콧속에 불어넣었는데 이 방법으로 운이 좋으면 병을 약하게 앓고 지나갔어요. 이 방법이 당시에는 천연두를 이기는 유일한 예방법이었어요.

이 방법은 서방에도 전해졌어요. 1700년대 초에 영국 귀족 부인 메리 워트리 몬테규는 터키 여행 중에 특별한 광경을 보게 되었어요. 병에 면역이 생기도록 아이들의 팔에 작은 표시를 내면서 천연두 딱지를 묻히는 것이었지요. 깊은 인상을 받은 몬테규는 자신의 아들과 딸에게도 똑같은 처치를 했어요. 이 방법은 꽤 성공적이기는 했지만 완벽하지는 않았어요. 50명 중에 한 명은 처치를 받고 죽었거든요.

1796년 5월 14일, 에드워드 제너는 매우 대범하고도 특별한 실험을 시도했어요. 위험했지만 인류에게는 꼭 필요한 실험이었지요. 당시 일반 사람들 사이에서는 천연두에 걸린 소의 젖을 짜는 여자는 천연두에 걸리지 않는다는 말이 전해지고 있었어요. 이것에 착안해 제너는 여덟 살 난 소년의 팔에 상처를 낸 후 우두 균을 접종했어요. 이 우두 균은 우유 짜는 소녀의 손에 생긴 수포에서 얻은 것이었지요. 이렇게 고의로 천연두 균에 노출시켰지만 소년은 6주가 지나도 병에 걸리지 않았어요. 어떻게 보면 이 과정은 중국 의사들의 처치와 비슷하지 않나요? 우두를 일으키는 바이러스와 천연두 바이러스는 매우 비슷하기 때문에 우두에 노출된 사람은 바이러스와 싸울 수 있는 면역 성분을 만들어 내 천연두 바이러스와도 싸울 수 있었던 것이지요. 우두 바이러스로 천연두를 이길 수 있는 저항력을 기른 덕분이에요.

이로써 백신의 시대가 열렸어요. '백신'이라는 말은 '소'를 의미하는 라틴어에서 왔어요. 1800년경 전 세계에 걸쳐 약 10만 명의 사람들이 천연두 백신을 맞았어요. 그리고 20세기에 세계 보건 기구는 감염성 질병을 없애기 위한 지속적인 노력을 했지요. 1977년 10월 27일, 아프리카 소말리아에서 마지막 천연두 자연 발병 사례가 보고된 뒤 천연두는 역사 속으로 사라졌어요.

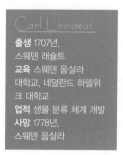

Carl Linnaeus

출생 1707년,
스웨덴 래슐트
교육 스웨덴 웁살라
대학교, 네덜란드 하델위
크 대학교
업적 생물 분류 체계 개발
사망 1778년,
스웨덴 웁살라

의료 환경을 개선하다 플로렌스 나이팅게일

간호학이 과학으로 여겨지지 않던 시대에 플로렌스 나이팅게일은 이전과는
조금 다른 방법으로 질병을 다루었어요. 환자의 증세 하나 하나를 세심히 관
찰하는 것과 더불어 환자의 위생을 강조했고 기본적인 통계 방법을 도입했
지요. 환자를 진심으로 위하는 나이팅게일의 열정과 헌신이 없었다면 이루
어지기 힘든 일이었지요.

플로렌스 나이팅게일은 영국의 독실한 기독교 귀족
가문에서 태어났어요. 당시 간호사는 천한 직업으로 여
겨졌기 때문에 집안의 반대가 심했지만 나이팅게일은 결심
을 굽히지 않았어요. 1851년, 서른한 살의 나이로 독일의 카
이저베르트에서 간호학을 공부하고 런던에 있는 귀족 여성 병
원의 감독관으로 임명되었어요.

1854년 크림 전쟁이 발발하자 나이팅게일은 38명의 종군 간호단을
이끌고 콘스탄티노플(지금의 이스탄불)에 있는 전장으로 달려갔어요.
야전 병원의 상황은 끔찍했어요. 부상병들은 비위생적인 환경에 제대
로 된 음식도 없이 누워 있었어요. 화가 난 나이팅게일이 의사들에게
강력히 항의했지만 콧방귀만 뀔 뿐이었어요. 나이팅게일은 〈타임〉에
편지를 보내 야전 병원의 의료 체계를 개선해야 한다고 호소했어요.

이 무렵 나이팅게일은 의료 체계 개선을 위해 새로운 시도를 했어

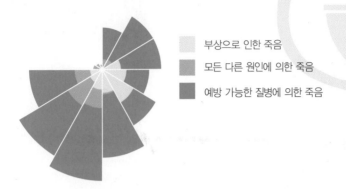

부상으로 인한 죽음
모든 다른 원인에 의한 죽음
예방 가능한 질병에 의한 죽음

요. 여러 가지 병에 감염된 사람과 죽음에 이른 사람들의 숫자를 월별 12개 부분으로 나누고, 각 부분을 다시 세 영역으로 나누었어요.

도표를 보면 바깥 영역 조각이 가장 크다는 것을 명확히 알 수 있었어요. 그동안 열악한 환경에 의해 악화된 2차 질병으로 사망한 사람은 직접 부상에 의해 죽은 사람들에 가려져 있었던 것이지요.

나이팅게일은 위생 환경을 개선하면 사망자 수를 훨씬 줄일 수 있다고 주장했어요. 직접 깨끗한 물과 신선한 과일, 그리고 새로운 위생 체계를 도입하여 60퍼센트인 사망률을 40퍼센트 이하로 낮추었지요. 이로써 통계적 분석이 의료 체계를 이해하고 개선시킬 수 있는 방법이라는 것을 몸소 보여 주었고, 간호에 대한 인식을 바꾸었어요. 모든 사람을 차별 없이 사랑과 헌신으로 돌본 나이팅게일의 영향으로 국제 적십자사가 창설되었답니다.

Florence
Nightingale
출생 1820년,
이탈리아 플로렌스
업적 통계 도표로 의학 체계 개선
사망 1910년, 영국 런던

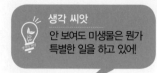

생각 씨앗
안 보여도 미생물은 뭔가
특별한 일을 하고 있어!

루이 파스퇴르

파스퇴르는 화합물의 결정 구조에 대해 연구했어요. 비대칭 분자에 관한 발견에 이어 미생물이 맥주나 와인의 발효를 일으킨다는 것을 알아냈지요. 또한 백신 접종으로 전염병을 예방할 수 있다는 사실을 많은 사람들에게 일깨워 주었어요. 일흔세 살의 나이로 세상을 떠나기까지 파스퇴르의 모든 업적은 과학에 대한 헌신과 열정으로 빚어진 결과였어요.

많은 천재들이 그랬던 것처럼 파스퇴르도 그다지 학교생활을 잘하지 못했어요. 그러나 파스퇴르는 일찌감치 과학 연구에 눈을 떴어요. 실험실에서 파스퇴르의 열정과 재능이 빛을 발하기 시작했지요.

스물여섯 살 무렵 파스퇴르는 비대칭 분자의 결정에 대해 연구했어요. 결정은 규칙적이고 기하학적인 모양을 갖고 있는 고체를 말해요. 많은 화합물은 결정 구조를 갖고 있고, 그에 따라 물질의 성질이 달라져요. 파스퇴르는 연구를 통해 일부 분자 결정면에서는 거울에 비춘 것처럼 서로 반대의 방향성을 가진다는 것을 알아냈어요. 거울상으로 된 분자들의 대칭 현상은 의약품에서 심각한 부작용을 일으키는 원인이 되기 때문에 파스퇴르의 연구 결과는 의학 분야에서도 놀라운 성과였지요.

파스퇴르가 가장 주목한 것은 발효였어요. 알코올을 제조하는 공

관습과 통념을
뒤 흔 든

장에서 때때로 알코올 대신 젖산이 만들어지곤 했는데, 이 문제를 파스퇴르에게 해결해 달라고 요청을 한 것이 발단이었어요. 당시 발효는 재료들이 함께 어우러져 발생하는 화학적 과정으로 여겨졌어요. 그러나 파스퇴르는 발효가 미생물의 작용 때문에 일어난다고 생각했어요.

우선은 발효나 부패를 일으키는 미생물이 어떻게 생겨난 것인지 궁금했지요. 발효나 부패가 일어날 때 무생물에서 미생물이 생겨난다고 보는 사람들도 있었지만 파스퇴르는 미생물은 미생물로부터만 나온다고 주장했어요. 또한 건강하고 둥근 효모 세포는 알코올을 만들고 젖산은 현재 박테리아라고 부르는 더 작고 길쭉한 모양의 미생물에서 생긴다는 것을 밝혀냈지요. 이로써 미세한 세균이 발효 과정에 미치는 중요한 영향을 알아냈어요.

그 뒤 파스퇴르는 인간의 질병으로 눈을 돌렸어요. 그리하여 콜레라, 디프테리아, 성홍열, 매독, 그리고 천연두와 같은 질병을 일으키는 것은 세균과 같은 미생물이라는 것을 알아냈지요. 특히 열로 손상된 박테리아를 주사하여 건강한 박테리아가 일으키는 병에 면역을 갖게 했어요. 제너가 우두 균을 이용해 백신을 만들어 냈다면 파스퇴르는 현대적 백신 접종을 개발했고 이를 통해 수많은 사람들의 목숨을 구했어요. 또한 질병과 미생물의 관계를 주목하게 했지요. 우리 주변의 공기 중에는 눈에 보이지 않지만 작은 생명체들이 떠다니고 있어요. 과학에서 탐구해야 할 또 하나의 세계가 존재하는 것이지요. 루이 파스퇴르는 그것을 일깨워 준 미생물학의 선구자예요.

Louis Pasteur

출생 1822년, 프랑스 돌
교육 프랑스 에콜 노르말
업적 식품과 질병에서 박테리아에 의해 나타나는 현상 확인
사망 1895년, 프랑스 생클루

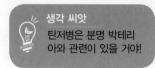

생각 씨앗
탄저병은 분명 박테리아와 관련이 있을 거야!

세균학의 기초를 세우다
로베르트 코흐

광부의 아들로 태어난 로베르트 코흐는 세균 연구에 평생을 바친 과학자예요. 탄저병을 연구하면서 코흐는 특정한 세균이 특정한 질병을 일으킨다는 것을 과학적으로 입증했어요. 이를 시작으로 1882년에는 결핵균을 발견하고, 1883년에는 콜레라균을 발견했어요. 한마디로 세균학의 기초를 세웠다고 할 수 있지요. 코흐는 결핵에 관한 연구로 1905년 노벨 생리의학상을 수상했어요.

기생하는 유기체가 전염병을 일으킨다는 야코프 헨레의 연구에 많은 영향을 받은 로베르트 코흐는 프랑스-프로이센 전쟁 때 군의관으로 복역했고, 전쟁이 끝나고 나서는 볼슈타인 지방에 정착해 의사로 일했어요. 얼마 뒤에는 집에 작은 실험실을 차리고 농장 동물들이 자주 걸리는 탄저병을 연구하기 시작했답니다.

탄저병이 박테리아의 종류 및 형태와 관련이 있다고 여긴 코흐는 탄저병으로 죽은 동물의 비장을 나뭇조각으로 찌르고 그것을 다시 살아 있는 쥐에게 찔러 보았어요. 그러자 쥐가 탄저병에 감염되어 죽었지요. 코흐는 감염된 동물의 피 속에 병을 옮기는 무엇인가가 있다고 확신했어요. 그리하여 현미경을 통해 오랫동안 병원균을 관찰했고, 병원균을 직접 배양하는 방법을 개발하기에 이르렀어요.

실험은 수백 번 되풀이 되었어요. 감염된 동물로부터 배양된 병원

관습과 통념을
뒤 흔 든

균을 다른 동물에 주사했더니 똑같이 병에 걸렸어요. 탄저병은 탄저균이라는 특정한 병원균이 일으킨다는 것을 입증한 것이지요. 과학계에서는 코흐의 연구를 인정하고 베를린에 실험실을 마련해 주었어요. 얼마 뒤 코흐는 감자나 우무 배양액과 같은 고체 표면에서 박테리아를 증식시키는 방법을 소개했어요. 배양을 위해서는 둥글고 평평한 특별한 접시를 이용했어요. 이 접시는 리처드 페트리라는 코흐의 동료가 만들었는데, 지금도 전 세계 실험실에서 쓰이고 있답니다.

코흐는 특정한 미생물과 질병을 연관 짓기 위해 충족되어야 할 네 가지 원칙에 대해서도 밝혔어요.

1. 병을 앓고 있는 동물로부터 병원균을 분리해야 한다.
2. 병원균을 실험실에서 배양할 수 있어야 한다.
3. 감염된 병원균을 건강한 실험동물에 접종하면 동일한 질병을 일으켜야 한다.
4. 감염된 실험동물에서 동일한 병원균을 다시 분리할 수 있어야 한다.

이밖에도 코흐는 결핵균을 발견하고, 유럽과 아프리카 등을 다니면서 콜레라균도 발견했답니다. 파스퇴르가 전염병의 원인이 세균이라는 것을 밝혀냈다면, 코흐는 과학적 실험 방법을 통해 그 사실을 확실히 증명했어요.

Robert Koch
출생 1843년, 독일 클라우슈탈
교육 괴팅겐 대학교
업적 박테리아와 질병의 관계 입증
사망 1910년, 독일 바덴바덴

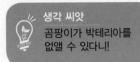
생각 씨앗
곰팡이가 박테리아를
없앨 수 있다니!

페니실린을 발견하다 알렉산더 플레밍

알렉산더 플레밍이 살던 시대에 질병을 일으키는 박테리아는 무척이나 두려운 존재였어요. 박테리아의 치명적인 감염성도 무서웠지만 최선의 처치와 치료를 하지 못해 아까운 생명을 잃는다는 것이 더 무서운 일이었어요. 실제로 장미 가시에 긁혀 상처가 나도 감염으로 죽을 수 있었으니까요.

젊은 시절 선박 회사에서 일하던 알렉산더 플레밍은 자신의 꿈을 찾아 세인트 메리 의과 대학에 들어갔어요. 플레밍은 당시 세균학의 권위자인 암로스 라이트와 함께 백신을 연구하기 시작했어요. 그러던 중 1909년에 독일의 의학자 파울 에를리히가 매독을 치료하는 물질을 발견했다는 이야기를 들었어요. 에를리히는 수백 번의 시행착오를 거친 뒤 606번째에 합성한 '살바르산'이 매독에 효능이 있음을 알아냈답니다. 그래서 살바르산을 '606호'라고도 하지요. 플레밍은 런던에서 살바르산을 처방하고 투여할 수 있는 몇 안 되는 의사였고, 실제로 수많은 환자를 치료하여 '606 전용'이라는 별명을 얻었어요. 이때부터 플레밍은 질병을 치료하는 화학요법에 관심을 갖게 되었지요.

제1차 세계 대전이 끝나고 난 뒤 플레밍은 눈물에서 세균을 녹여 파괴하는 '라이소자임'을 발견했어요. 1928년에는 인플루엔자 바이러

관습과 통념을
뒤 흔 든

스에 대해 연구하던 중 폐기하려고 쌓아 둔 실험 접시를 훑어보다가 곰팡이가 핀 것을 보았어요. 곰팡이 주변에는 반점들이 있었는데, 플레밍은 그것이 박테리아들이 죽은 흔적이라는 것을 알아냈지요. 그러면서 박테리아를 없애는 화학 물질을 만들어 내는 것이 곰팡이가 아닐까 생각했지요.

플레밍은 곰팡이 샘플을 배양해서 배양액을 1000분의 1 정도까지 희석시켰어요. 여기에 포도상 구균을 넣자 푸른곰팡이가 구균에 달라붙어 녹여 없애는 것을 관찰했어요. 그가 발견한 곰팡이는 푸른곰팡이의 일종인 '페니실리움 노타툼'이라는 곰팡이였어요. 플레밍은 이 실험을 통해 곰팡이가 세균을 없애는 화학 물질을 내놓는다는 것을 증명했어요.

푸른곰팡이는 여러 종류의 세균에 대해 항균 작용을 나타냈어요. 특히 폐렴균, 수막염균, 디프테리아균, 탄저균 등 인간과 가축들이 자주 걸리는 전염병에 효과가 컸지요. 그러나 푸른곰팡이를 치료약으로 만든 사람은 플레밍이 아니었어요. 다음 연구는 뉴질랜드의 하워드 월터 플로리와 언스트 보리스 체인의 연구팀이 맡았어요. 플레밍의 연구를 바탕으로 플로리와 체인은 페니실린 추출에 성공해 치료제로 사용될 가능성을 열게 되었어요. 그러나 페니실린이 대량 생산되기까지는 시간이 더 필요했어요. 20세기의 가장 위대한 약이라고 불리는 이 페니실린은 수많은 전염병을 치료하고 인류의 생명을 구했어요.

Alexander leming

출생 1881년,
스코틀랜드 로흐필드
교육 런던 세인트메리 의
학 대학
업적 페니실린 발견
사망 1955년, 영국 런던

Disease-Causing Agents
질병 유발 인자

지구 역사상 미생물과 동식물은 떼려야 뗄 수 없는 관계로 공존해 왔어요.
물론 이러한 공존이 양쪽 모두에게 이익이 되는 경우도 있고, 미생물이 기생
하는 동식물에게 해를 입히거나 질병을 일으키는 경우도 있어요. 하지만 사
람들은 오랫동안 미생물의 존재를 제대로 파악하지 못했고, 수많은 과학자와
의학자들의 연구와 열정 덕분에 그 실체를 파악하게 되었지요.

인류의 역사에서 아이가 태어나 미처 어른이 되기도 전에 이런저런 원
인 모를 질병에 걸려 죽는 일은 종종 있는 일이었어요. 그러나 미생물이
라는 단세포 생명체가 무시무시한 수많은 질병을 일으킨다는 사실은 알
지 못했지요. 미생물의 존재에 대해 알게 된 것은 인류의 역사를 바꾸어
놓을 만한 대단한 일이었어요. 사람들은 미생물에 의해 질병이 퍼지는 것
을 막으려고 노력했고, 의학자들은 치료법을 알아내기 위해 애를 썼지요.

그 덕분에 우리는 이제 많은 미생물들이 질병을 일으킨다는 것을 알
고 있어요. 단순히 목을 아프게 하는 일반적인 질병에서부터 생명을 위
협하는 질병에 이르기까지 무수한 질병을 일으키는 세균과 바이러스들
이 있어요. 사실 이것들은 너무 작아서 살아 있는 다른 세포에 붙어야만
증식할 수 있어요.

감염을 일으키는 미생물을 처음 발견한 사람은 네덜란드의 박물학자
안톤 판 레벤후크예요. 1677년, 레벤후크는 직접 만든 간단한 현미경으
로 치아에서 긁어 낸 하얀 물질을 관찰하다 '작은 생물이 꼬물꼬물 움직

관습과 통념을
뒤 흔 든

이는 것'을 보고 깜짝 놀랐어요. 하지만 당시에는 아무도 레벤후크가 발견한 미생물에 대해 관심을 가지지 않았어요.

100년 정도가 흐른 뒤에 영국의 의사 에드워드 제너는 천연두 백신을 소개하면서 질병을 일으키는 미생물에 대해서도 언급했어요. 제너는 이미 감염된 사람의 천연두 딱지를 이용해 치료법을 만들어 냈지만, 딱지의 어떤 성분이 병을 치료하는지는 정확히 밝히지 못했어요.

다시 100년이 흘러 프랑스의 화학자 루이 파스퇴르는 미생물이 많은 질병을 일으킨다는 것을 깨달았어요. 물론 당시에도 콜레라, 디프테리아, 성홍열, 매독과 같은 질병이 특별한 미생물에 의해 걸린다는 사실을 몇몇 의학자들은 알았지만, 그렇게 작은 세포가 심각한 질병을 일으키리라고는 생각하지 못했지요. 그러나 파스퇴르는 누에 관찰을 통해 미생물이 질병을 일으키는 것을 직접 확인하고 인간의 질병도 미생물이 일으킨다고 확신했어요. 이즈음 독일의 의사인 로베르트 코흐는 박테리아가 탄저병을 일으키는 것을 발견했어요. 탄저병은 당시 유럽에서 양을 키우는 농장을 휩쓸고 있었지요. 파스퇴르는 곳곳에 존재하는 탄저균이 풀을 뜯는 양에게 옮겨 간다는 것을 밝혔어요. 연구를 통해 코흐와 파스퇴르는 우리 주변 어디에나 감염을 일으키는 미생물이 존재하고, 조건만 맞는다면 동물이나 사람을 감염시킬 수 있다는 것을 입증했어요. 이러한 연구들을 통해 오늘날 우리는 전염병을 이해하고 통제할 수 있게 되었지요.

4장

행성과 별

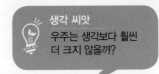

생각 씨앗
우주는 생각보다 훨씬
더 크지 않을까?

태양 중심설을 주장하다 아리스타르코스

{ 지구가 태양 주위를 돌고 있다는 사실을 가장 먼저 말한 사람은 누굴까요? 바로 고대의 코페르니쿠스라 불리는 사모스의 아리스타르코스예요. 아리스타르코스는 기원전 3세기에 이미 행성들이 태양 주위를 돌고 있다는 '태양 중심 우주론'을 주장했어요. 아리스타르코스의 독창적인 연구 방법은 『모래 알을 세는 사람』이라는 아르키메데스의 책에 소개되고 있어요. }

아리스타르코스는 기원전에 살았던 천문학자예요. 당시 대부분의 사람들은 우주의 중심에 지구가 있고, 지구와 태양 사이의 거리가 우주 전체의 반지름에 해당한다고 생각했어요. 그러나 인류 역사상 가장 위대한 수학자 아르키메데스의 책을 보면 이러한 사람들의 생각에 반대하는 아리스타르코스의 이론이 소개되어 있어요. 아리스타르코스는 우주가 사람들이 생각하는 것보다 훨씬 더 크고 넓으며 우주의 중심은 지구가 아니라 태양이고 또 행성들이 태양 주위를 돌고 있다고 주장했어요.

이 시기의 천문학자들은 우주는 하나의 구 안에 담겨 있다고 생각했어요. 따라서 모든 별이 일정한 자리에 고정되어 있고, 구의 중심에 지구가 있다고 철석같이 믿었지요.

천체 망원경도 없이 아리스타르코스는 어떻게 이 놀라운 사실을

관습과 통념을
뒤 흔 든

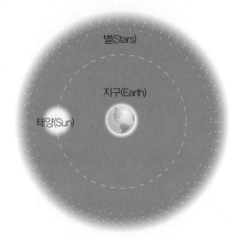

별(Stars)

지구(Earth)

태양(Sun)

아리스타르코스가 태양 중심설을 주장하기 전에 천문학자들은 우주를 커다란 공 모양의 구라고 생각했고, 중앙에 위치한 지구의 주위를 태양이 돌고 있다고 생각했어요. 또 별들은 가장자리에 고정되어 있다고 믿었어요.

알 수 있었을까요? 당시 아리스타르코스는 태양, 지구, 달이 형성하는 삼각형의 각도를 계산하여 지구는 달보다 2배 크고, 태양은 지구보다 10배 크다는 이론을 내놓았어요. 또한 지구와 달 사이의 거리에 비해 지구와 태양 사이의 거리는 20배 정도라고 계산했어요. 실제로는 태양은 지구 크기의 109배이고, 지구에서 달 사이의 거리에 비해 지구에서 태양까지의 거리는 400배 정도예요.

　다소 차이가 있지만 당시 정확한 측정 도구가 없었다는 것을 감안하면 아리스타르코스의 수학적 계산은 정말 놀랄 만해요. 아리스타르코스는 인류 최초로 지동설을 주장하고, 천체의 위치를 알아내기 위해 수학적 계산을 사용한 사람이에요.

Aristarchos

출생 기원전 310년경. 그리스 사모스
교육 아테네 학원의 스트라토에게 수학
업적 최초로 태양 중심설 주장
사망 기원전 230년경. 그리스 사모스

The Solar System
태양계

태양계에 속해 있는 지구는 작지만 매우 놀라운 행성이에요. 그런데 태양계가 우주의 수십 억 개 은하 가운데서도 중간 정도 크기인 은하에 속해 있다는 사실을 알고 있나요? 거대한 우주, 그것도 수십 억 개의 은하 중 하나의 은하, 그 작은 자리를 차지하고 있는 태양계를 상상해 봐요. 우리의 지구도, 태양계도 우주라는 거대한 공간에서는 그다지 큰 존재가 아닌 듯하지요?

천문학자 니콜라우스 코페르니쿠스는 하늘을 관찰하면서 세상이 깜짝 놀랄 만한 한 가지 사실을 알아냈어요. 하늘의 모든 것이 지구를 중심으로 움직이고 있다는 고대의 견해 대신 태양이 중심에 있고 지구가 태양 주위를 돌고 있다는 사실이었지요. 시간이 흘러 1621년, 요하네스 케플러가 코페르니쿠스의 주장에 대한 결정적인 증거를 내놓았을 때는 누구도 반박할 수 없었어요.

하지만 거기에 이르기까지에는 많은 사람들의 연구가 뒷받침되었어요. 17세기 초 천문학자들은 고작해야 여덟 개의 천체를 점찍을 수 있었어요. 바로 태양, 수성, 금성, 지구와 달, 화성, 목성, 토성이었지요. 이후 천왕성은 윌리엄 허셜이 1781년에 발견했고, 해왕성은 요한 고트프리트 갈레에 의해 1846년에 발견되었어요.

그 뒤로도 오랜 관찰에 의해 행성들 주위를 도는 여러 위성들이 발견되었어요. 1610년 갈릴레오는 목성의 위성인 칼리스토, 유로파, 가니메데, 이오를 발견했어요. 비록 다른 21개의 위성을 놓치기는 했지만 갈릴레오

관습과 통념을
뒤 흔 든

의 관찰은 정말로 놀라운 것이었어요.

이후에도 태양계는 우리 앞에 조금씩 모습을 드러내기 시작했어요. 1977년에 발사시킨 쌍둥이 보이저 위성은 조금씩 태양계 바깥을 향해 나아갔고, 여행하는 동안 많은 행성들을 만났어요. 1985년에서 1989년까지 보이저 2호는 태양계에 존재하는 16개의 천체에 대한 정보를 보내왔고, 계속해서 수십 개에 달하는 천체 정보가 보내져 왔지요.

우주에 대한 연구가 계속되면서 우리가 속한 태양계가 얼마나 복잡한지 알게 되었을 뿐만 아니라, 이것은 그저 시작일 뿐이라는 것도 깨닫게 되었어요. 하늘에 있는 각각의 별들은 우주 안에 있는 또 다른 태양이에요. 우리가 있는 태양계는 은하수, 즉 우리 은하의 회전하는 팔 중 한곳에 놓여 있어요. 우리 은하의 크기는 긴 쪽으로 약 10만 광년 떨어져 있고 그 안에 약 1억 개의 별이 있어요. 태양은 2억 2500만 년마다 은하의 중심을 한 바퀴 돌지요.

다시 한 번 복습해 볼까요? 지구는 태양계에 속해 있고, 태양계는 우리 은하에 속해 있고, 우리 은하는 그보다 훨씬 넓은 우주 안에 포함되어 있답니다.

현재 우리 은하는 우주에 존재하는 수십억 개의 은하들 중 하나라는 것이 밝혀졌어요. 어떤 은하는 3조 개의 별을 포함하고 있다고 하니, 그에 비하면 우리 태양계는 아주 작다고 할 수 있지요.

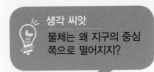

천동설을 주장하다 클라우디오스 프톨레마이오스

종교에 따라, 문화에 따라 사람들은 다양한 의견을 가지고 있어요. 그러나 아주 오랫동안 사람들은 한 가지 부분에서는 의견이 같았어요. 바로 지구가 우주의 중심이라는 것이었지요. 클라우디오스 프톨레마이오스는 종교적 신념도 아니고 철학적 사고도 아닌 보다 과학적으로 접근하여 지구 중심설을 설명했어요.

'우주의 중심은 지구이다.'

매일 행성을 바라보던 프톨레마이오스는 밤 하늘이 그저 고요하게 움직이지만은 않는다는 것을 깨달았어요. 잠시 멈춰선 듯 보일 때도 있고 때로는 반대 방향으로 움직이기도 한다는 걸 알았지요. 오랜 관찰 끝에 프톨레마이오스는 행성들이 원을 그리며 지구를 돌고 있다고 생각했어요.

프톨레마이오스는 만약 지구가 고대의 몇몇 철학자들이 주장하는 것처럼 태양을 중심으로 움직이고 있다면 모든 물체가 지구의 중심이 아닌 태양을 향해 떨어질 거라고 생각했어요. 하지만 모든 물체가 지구의 중심으로 떨어지니 곧 우주의 중심에 지구가 고정되어 있다는 이론을 뒷받침할 수 있다고 확신했지요.

또한 지구가 하루에 한 번씩 자전을 한다면 위를 향해 수직으로 던진 물체는 같은 지점에 떨어지지 않아야 하는데, 실제 실험을 해 보면 그 자리에 떨어진다고 증명했어요. 지구를 중심으로 천체가 움직인다는 이론을 증명하기 위해 프톨레마이오스는 '프톨레마이오스의 정리'라는 수학적 계산 방법을 이용했어요. 그 결과 프톨레마이오스가 주장한 지구 중심설, 즉 천동설은 15세기까지 어떠한 의심도 없이 받아들여졌어요. 1543년, 폴란드의 천문학자인 코페르니쿠스의 태양 중심설, 즉 지동설이 나오기 전까지는 말이지요.

프톨레마이오스는 세계 지도를 만들기도 했어요. 지구가 둥근 구 모양이라는 것을 확신한 프톨레마이오스는 현대의 세계 전도처럼 평평한 표면 위에 구를 표현하는 방법을 개발하고, 위도와 경도, 좌표를 포함시켰어요. 현대의 지도와 비교하면 오류가 많지만 1500년경에 만들어진 것 치고는 매우 훌륭하다고 할 수 있지요. 프톨레마이오스의 지도는 카나리아 군도에서 중국 서부까지, 북극에서 적도 아프리카에 이르는 지구 표면의 4분의 1을 나타내고 있어요. 실제로 콜럼버스는 프톨레마이오스가 쓴 『지리학』이라는 책을 읽고 인도를 찾아 항해에 나섰다고 해요. 콜럼버스는 처음에 항해가 그리 길지 않을 거라고 예상했대요. 왜냐하면 프톨레마이오스가 지구의 크기를 실제보다 작게 그렸기 때문이지요.

훗날 프톨레마이오스의 천동설은 잘못된 가설임이 밝혀졌어요. 그러나 천체에 대해 종교나 철학이 아닌 수학적, 과학적으로 접근하여 증명하고자 노력한 것은 대단한 업적이에요.

Claudius
Ptolemaeus

출생 100년경, 이집트 알렉산드리아
교육 이집트 알렉산드리아
업적 천동설 주장
사망 170년경, 이집트 알렉산드리아

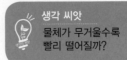

갈릴레오 갈릴레이
우주를 관찰하다

어느 시대나 자유로운 사상가는 있었어요. 그들은 새로운 생각으로 기존의 지배적인 사상이나 교리에 도전했기 때문에 위험한 존재로 취급받곤 했지요. 갈릴레이도 그러한 사람 중에 하나였어요. 갈릴레이는 당대의 절대적인 사고 체계의 오류를 주장해 억압을 받았지만, 과학적 진실을 밝혀내는 일을 마지막 순간까지 멈출 수 없었지요.

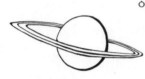
이탈리아 피사 성당에 앉아 있던 갈릴레이는 바람 탓에 천장의 등이 흔들리는 것을 보았어요. 천장의 등은 긴 줄의 끝에서 규칙적으로 움직이고 있었어요. 갈릴레이는 맥박을 이용해 시간을 재기 시작했고 세게 흔들리든 약하게 흔들리든 이 끝에서 저 끝으로 움직이는 데 걸리는 시간이 똑같다는 것을 발견했어요. 진자가 운동하는 시간은 실에 매달린 진자의 진폭이나 진자의 질량에 관계없이 실의 길이와만 관계 있다는 진자의 등시성을 알아낸 것이지요.

이후 갈릴레이는 중력의 영향에 관해 연구했어요. 떨어지는 물체는 그 무게에 따라 떨어지는 속도가 다르다는 아리스토텔레스의 이론을 증명하기 위해서였지요. 하지만 실험을 통해 갈릴레이는 아리스토텔레스의 이론이 틀렸다는 것을 밝혀냈어요.

발명가이기도 했던 갈릴레이는 두 개의 렌즈로 된 망원경을 제작

관습과 **통념**을
뒤 흔 든

했고 이것으로 달과 태양, 행성들을 연구했어요. 그리하여 최초로 태양의 흑점을 관찰하고, 목성의 네 개의 주요 위성을 발견했으며 달 표면에 산과 움푹 파인 크레이터가 있다는 것을 알아냈어요.

이 무렵 갈릴레이는 지동설을 주장한 코페르니쿠스의 이론을 증명하기 위해 몰두했어요. 금성의 위상이 달의 위상과 아주 비슷하게 변한다는 것을 알아낸 갈릴레이는 금성이 태양을 돌고 있는 게 틀림없다고 추론했어요. 그리고 금성처럼 지구도 태양을 돌 것이라고 생각했어요. 하지만 지동설은 당시 가톨릭 교회의 교리에 어긋나 거센 반발을 샀어요. 가톨릭 교회에서는 재판을 열어 지동설에 대한 주장을 당장 취소하라고 명령했어요. 교회의 압력으로 갈릴레이는 결국 지동설을 포기하고 남은 생을 집 안에 갇혀 지내야 했어요.

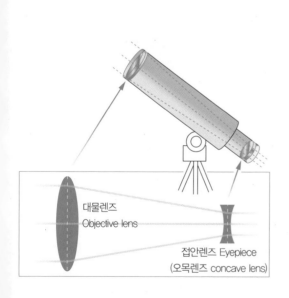

대물렌즈
Objective lens

접안렌즈 Eyepiece
(오목렌즈 concave lens)

Galileo Galilei

출생 1564년,
이탈리아 피사
교육 파도바 대학교
업적 진자의 운동 발견, 망원경 개발, 지동설 주장
이집트 알렉산드리아
사망 1642년,
이탈리아 아르체트리

갈릴레오의 망원경은 멀리 있는 사물로부터 들어오는 빛을 먼저 블록렌즈로 초점을 맞춘다. 그리고 두 번째 렌즈인 접안렌즈가 초점이 맞추어진 빛을 확대하면 관측자의 망막의 넓은 부분을 덮으며 실제보다 물체가 크게 보인다.

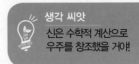
생각 씨앗
신은 수학적 계산으로
우주를 창조했을 거야!

행성의 운동을 이해하다 요하네스 케플러

케플러는 행성 운동에 대한 중요한 세 가지 법칙을 완성한 천문학자예요. 신학을 공부하였으나 덴마크의 천재 천문학자인 티코 브라헤의 조수로 일하면서 천체의 운동에 관심을 갖게 되었고, 지동설에 대해 접한 뒤 망원경을 직접 만들어 천체를 관찰하고 그 운동을 증명해 냈지요.

신학을 공부하면서 케플러는 세상을 지켜보고 있는 신의 생각을 알고 싶었어요. 그래서 처음에는 수학에 관심을 가졌어요. 왜냐하면 신이 수학적 계획에 따라 우주를 창조했다고 믿었기 때문이지요. 케플러는 수학이 신의 작업을 이해하는 통로가 될 수 있다고 굳게 믿었어요.

튀빙겐에서 천문학자인 미하엘 마에스틀린 밑에서 연구할 때 케플러는 코페르니쿠스의 지동설에 대해 처음 접하고 깜짝 놀랐어요. 코페르니쿠스는 행성의 경로를 각각의 안에 들어 있는 구와 정육면체, 그리고 사면체들의 크기를 계산해서 예측할 수 있다고 제시했어요.

케플러는 수성의 궤도를 자세히 관찰하다가 수성의 모양이 원보다는 타원에 가깝다는 것을 발견했어요. 케플러가 이 결론을 얻기까지는 복잡한 수학적 계산을 수천 번 반복해야 했지요. 다른 행성에 대

관습과 통념을
뒤 흔 든

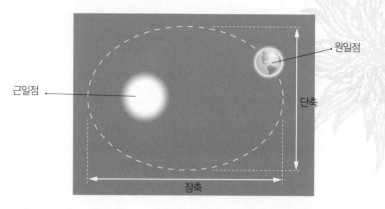

근일점

원일점

단축

장축

케플러의 두 번째 법칙은 행성이 궤도를 움직일 때 행성과 태양을 연결하는 직선은 일정한 시간 동안 같은 면적을 쓸고 지나간다는 것이다. 그래서 행성은 근일점(태양에 가장 가까운 곳)에 가까워지면서 더 빠르게 움직이고 원일점(태양에서 가장 먼 곳)으로 가면서 더 느려진다.

한 연구도 계속하여 모든 행성의 궤도가 태양을 초점으로 한 타원이라는 사실을 밝혀냈어요. 이것이 케플러의 첫 번째 행성 운동 법칙이에요. 행성의 두 번째 운동 법칙은 행성이 궤도를 따라 움직일 때 일정한 시간 동안 행성과 태양을 연결하는 직선이 쓸고 간 부채꼴의 면적은 항상 같다는 거예요. 세 번째는 행성의 공전 주기의 제곱이 공전 궤도의 긴반지름의 세제곱에 비례한다는 법칙이에요.

천문을 관찰하기 위해 망원경도 만들었어요. 두 개의 볼록 렌즈를 사용한 케플러의 천체 망원경은 천체 관측에 광범위하게 사용될 수 있었어요. 케플러는 실측 작업을 통해 행성들이 태양을 돌고 있다는 수학적이고 과학적인 증거를 제시하였지요.

Johannes Kepler
출생 571년, 뷔르템베르크 바일(지금의 독일 지역)
교육 튀빙겐 대학교
업적 행성의 운동 법칙 발견
사망 1630년, 레겐스부르크

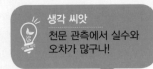

생각 씨앗
천문 관측에서 실수와
오차가 많구나!

하늘의 지도를 그리다 프리드리히 베셀

프리드리히 베셀은 열다섯 살에 학교를 그만두고 무역회사 회계 인턴으로 들어갔어요. 무역상으로 성공하고 싶었던 베셀은 낮에는 일을 하고 밤에는 지리학과 항해술을 공부했어요. 배가 어떻게 바다에서 길을 찾아가는 것인지 궁금해하던 베셀은 항해술과 지리학, 수학에 대한 관심에서 시작해 점차 천문학의 세계로 걸음을 옮겼어요.

1804년, 프리드리히 베셀은 핼리 혜성에 관한 논문을 써서 당시 혜성 연구의 일인자인 하인리히 올베르스에게 논문을 보냈답니다. 올베르스는 베셀의 천재성을 알아차리고는 크게 격려하며 연구를 계속할 것을 권했어요. 베셀은 브레멘 근처의 릴리엔탈 천문대로 가서 연구를 하다가 쾨니히스베르크에 천문대가 세워지자 여생을 그곳에서 연구하며 보냈답니다.

쾨니히스베르크 천문대에서 베셀은 5만 개가 넘는 별들의 위치와 상대적 운동을 알아냈어요. 또한 영국의 천문학자 제임스 브래들리의 자료를 분석하여 별과 행성들의 상대적 위치를 예측하는 시스템을 만들어 냈지요. 베셀은 측정할 때 얼마나 많은 실수와 오차가 생기는지를 깨달은 최초의 천문학자였어요. 그래서 관측기구에서 비롯된 실수가 있는지 브래들리의 자료를 모두 검토함으로써 보다 정확한 결과를

관습과 통념을
뒤 흔 든

얻을 수 있었지요. 별의 위치를 보다 정확히 결정했고, 계산에서도 지구 운동의 영향과 같은 정확하지 않은 요소를 제거했어요. 이로써 엄청나게 많은 천문학 정보를 새롭게 알아낼 수 있었지요.

또한 시리우스 별과 프로키온 별이 매우 미세하게 진동을 일으키며 움직이는 것을 발견한 베셀은 이 진동은 보이지 않는 쌍둥이 별이 끌어당기기 때문이라고 추론했어요. '암흑성'이라고 불리는 별의 존재를 최초로 예견한 것이지요. 10년 후 동반성의 궤도는 계산되었고, 천문학자들은 베셀이 죽고 난 뒤 1862년에야 처음으로 그것을 확인할 수 있었어요.

베셀은 '베셀 함수'를 개발한 것으로도 유명해요. 이는 수학적 분석 방법 중 하나인데, 오늘날 수학과 물리학, 공학 분야에서 널리 사용되고 있어요. 세밀한 측정 기술을 개발하여 별들의 거리를 정확하게 측정한 베셀은 그때까지 사람들이 상상하던 것 이상으로 우주가 훨씬 광대하다는 것을 일깨워 주었답니다.

시리우스 Sirius

큰개자리
CANIS MAJOR

Johannes Kepler
출생 571년, 뷔르템베르크
바일(지금의 독일 지역)
교육 튀빙겐 대학교
업적 행성의 운동 법
칙 발견
사망 1630년,
레겐스부르크

큰개자리의 알파성인 시리우스의 불규칙한 움직임을 보고 베셀은 보이지 않는 동반성이 존재할지 모른다고 유추했다.

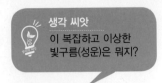

생각 씨앗
이 복잡하고 이상한
빛구름(성운)은 뭐지?

우주 팽창을 발견하다 에드윈 허블

에드윈 허블이 활동한 1920년대에 사람들은 우리 은하가 우주 전체라고 믿었어요. 그러나 우주를 더 멀리까지 내다본 허블은 우리 은하가 수백만 개 은하 중 하나일 뿐이라는 것을 깨달았어요. 또한 놀랍게도 이 은하들이 빠른 속도로 서로 멀어지고 있다는 것을 알아내고 우주가 점점 팽창하고 있다는 사실을 추론했지요.

시카고와 옥스퍼드에서 공부하고 위스콘신에 있는 야키스 천문대에서 별 관측을 시작한 에드윈 허블은 얼마 지나지 않아 캘리포니아 윌슨 산 천문대에서 본격적인 연구를 시작했어요. 허블의 주요 관심사는 '성운'이라고 불리는 이상하고도 복잡한 빛 구름이었어요.

윌슨 산에서 허블은 우리 은하의 크기를 측정한 할로 새플리라는 천문학자와 함께 일했어요.

새플리는 은하수 주변의 별무리를 연구한 끝에 그때까지 사람들이 생각하는 것보다 우리 은하의 크기가 10배 이상 크다고 계산했어요. 그러나 새플리는 우리 은하가 우주의 전부라고 확신했고, 그 너머에 뭔가가 더 있다고는 생각하지 못했어요. 또한 허블이 관심을 갖고 있던 성운은 비교적 가까이에 있는 가스 구름일 것이라고 생각했어요.

72

관습과 통념을
뒤 흔 든

그러나 허블은 1924년, 당시 성운으로 알려진 안드로메다 은하에 있는 세페이드 변광성을 관측하고 그 거리를 측정함으로써 안드로메다 은하가 우리 은하 바깥에 있는 은하라는 것을 알게 되었어요.

허블의 호기심은 여기에서 그치지 않았어요. 허블은 안드로메다 은하를 계속 연구하다 그곳으로부터 오는 빛이 예측한 것보다 약간 더 붉다는 것을 발견했어요. 중력이 큰 별에서 나오는 빛의 스펙트럼은 파장이 긴 쪽으로 약간 치우치는데 붉은색이 긴 파장이기 때문에 그쪽으로 빛이 쏠리게 돼요. 이 현상이 바로 적색편이예요. 허블은 안드로메다 은하가 우리 은하에서 멀어지고 있기 때문에 이러한 현상이 나타난다고 보았어요.

허블은 자신이 발견한 모든 성운의 적색편이 현상을 다시 측정해 보았어요. 그 결과 지구에서 멀리 떨어져 있는 은하의 적색편이 현상이 더 크다는 것을 알아냈지요. 이것은 은하가 지구에서 멀면 멀수록 더 빠르게 움직여 멀어지고 있다는 증거였어요. 즉, 우주가 팽창하고 있다는 뜻이었지요.

아인슈타인은 허블이 발견한 것을 전해 듣고 몹시 흥분했어요. 왜냐하면 아인슈타인도 우주가 팽창하거나 수축하고 있을지 모른다고 생각하고 있었거든요. 그때까지 다른 천문학자들은 우주의 넓이가 불변할 것이라 여기고 있었지만, 허블은 우주가 팽창하고 있다는 아인슈타인의 직감이 옳다는 것을 관측을 통해 입증해 주었어요.

Edwin Hubble
출생 1889년, 미국 미주리
교육 시카고 대학교,
옥스퍼드 대학교
업적 우주의 팽창 현상
발견
사망 1953년,
미국 캘리포니아

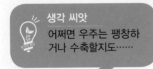

우주의 기원을 이해하다 조르주 르메트르

조르주 르메트르는 20세기 중반 아인슈타인과 같은 시대에 활동한 천문학자예요. 벨기에 출신의 수도사였던 르메트르는 종교적 믿음과는 별개로 천문학에 관심이 많았어요. 우주가 어떻게 만들어졌는지 늘 궁금해했고, 오랜 연구 끝에 마침내 빅뱅 이론을 발표했답니다.

조르주 르메트르가 우주에 대한 연구를 시작할 무렵 대부분의 과학자들은 우주가 무한한 시간 속에 존재하고, 항상 같은 곳에 같은 모습으로 존재하고 있다고 생각했어요. 허블이 우주 팽창을 실제 관측으로 발견하기 전이었기 때문에 우주의 안정성과 영원 불변성을 누구도 의심하지 않았지요.

그러나 케임브리지에서 아인슈타인의 일반 상대성 이론을 살펴본 르메트르는 우주가 수축하거나 팽창하고 있을지 모른다고 생각했어요. 그래서 멀리 떨어진 은하로부터 오는 빛의 적색편이 현상에 집중했어요. 빛이 붉은색으로 쏠리는 적색편이 현상을 통해 우주 팽창을 증명할 수 있다고 여겼거든요. 즉, 멀리 존재하는 은하들이 지구로부터 점점 멀어지고 있다면 적색편이가 더 클 것이라고 생각한 거예요. 1927년, 르메트르는 우주 팽창에 대한 이러한 추론을 정리하여 책을 펴냈지만 과학계에서는 큰 관심을 끌지 못했답니다. 2년 뒤 에드윈 허블이 적색편이 현상을 증명하자 르메트르는 그제야 영국 런던 왕립 천문학회에 우주의 생성과 팽창에 대한 자신의 이론을 정리해서 보냈어요. 영국 왕립 천문학회에서는 르메트르가 우주 팽창에 관한 비밀을 풀어 주리라 기대하고 1931년에 르메트르가 쓴 논문을 영어로 번역하여 출간했답니다.

그렇지만 여전히 대부분의 과학자들은 우주가 한 점에서 시작하여 점점 팽창한다는 이론을 흔쾌히 받아들이지 못했어요. 케임브리지의 천문학자 프레드 호일은 우주 팽창 이론을 받아들이지는 않았지만 우주 팽창을 뜻하는 '빅뱅'이라는 용어를 처음 만들어 냈어요. 강의를 하다 농담처럼 "우주가 빵 터지면서 생겼다는 거야?(빅뱅)"라고 말했는데, 우주 팽창 이론을 지지하던 한 학자가 '빅뱅'이란 용어가 마음에 들어 우주 팽창 이론에 그 이름을 붙였다고 해요. 물론 르메트르는 자신의 이론에 몇 가지 문제가 있다는 것을 알았어요. 우주가 팽창하고 있다는 것을 예측했지만 그렇게 빠른 팽창 속도로는 별이나 행성을 형성하지 못한다고 여겼기 때문이지요.

그러다 몇 년이 흐른 뒤 1964년 벨 연구소의 펜지어스와 윌슨 박사가 새로운 안테나를 만들다 우연히 은하수에서 나오는 복사선을 측정하여 빅뱅 이론을 뒷받침했어요. 이 복사선은 우주가 처음 생겨날 때 뜨거운 고밀도 상태에서 뿜어져 나온 빛이 관측된 것이지요. 펜지어스와 윌슨 박사는 이 업적으로 1978년 노벨 물리학상을 수상했어요.

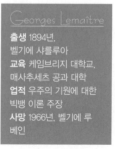

Georges Lemaître

출생 1894년,
벨기에 샤를루아
교육 케임브리지 대학교,
매사추세츠 공과 대학
업적 우주의 기원에 대한
빅뱅 이론 주장
사망 1966년, 벨기에 루
베인

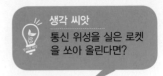

생각 씨앗

통신 위성을 실은 로켓을 쏘아 올린다면?

통신 위성을 상상하다 아서 클라크

{ 불과 얼마 전까지만 해도 물질이 우주 공간에서 폭발하여 지구로 떨어진다는 것은 아주 괴상한 생각으로 여겨졌어요. 하지만 1940년대에 이미 아서 클라크의 유명한 공상 과학 소설에서는 이러한 일이 무척 흥미롭게 그려지고 있어요. 실제로 아서 클라크의 상상력은 지구 주위를 도는 '위성'을 만드는 데 중요한 힌트를 주었답니다. }

런던의 킹스칼리지에서 물리학과 수학을 공부한 아서 클라크는 상상력을 발휘하여 우주를 배경으로 하는 소설을 쓰기 시작했어요. 클라크의 우주 묘사는 놀라울 정도로 생생해서 과학자들도 감탄할 지경이었지요.

1940년대 초, 소설가로 이미 이름을 떨친 클라크는 전자 통신을 위해 언젠가 지구 위에 계속 떠 있는 위성을 사용할지 모른다고 예견했어요. 클라크의 이 아이디어는 1945년 〈무선 세계〉라는 잡지에도 실렸어요. 이미 일부 지역에서는 라디오나 텔레비전을 많이 사용하고 있었지만, 클라크는 나라 전체에서 전파 수신이 되려면 50마일마다 안테나를 세워야 한다고 생각했어요.

제2차 세계 대전이 한창일 때 클라크는 독일에서 로켓을 개발하는 것을 보았어요. 이것은 클라크의 상상력에 불을 지폈어요. 클라크는

76

관습과 통념을
뒤 흔 든

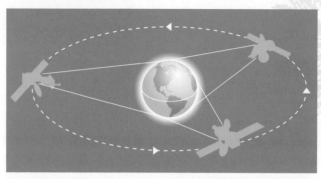

1945년, 아서 클라크는 인공위성을 쏘아 올려 지구 궤도를 돌게 하는 개념을 생각해 냈다. 그러면 지구 어디에나 즉시 메시지를 보낼 수 있는 통신망이 만들어진다.

논문을 통해 이 로켓 중 하나가 1초에 9킬로미터를 움직일 수 있다면 지구 대기를 벗어날 수 있고 에너지 소비 없이 영원히 지구 주변을 도는 인공위성이 될 수 있다고 주장했어요.

"통신 위성을 실은 로켓을 적도 상공으로 쏘아 올린 후 조정할 수 있다면 지구 주위를 계속 돌게 할 수 있지 않을까?"

클라크는 지구 중심에서 4만 2164킬로미터 지점, 즉 평균 해수면 위로 약 3만 5787킬로미터에 위치시킨다면 떨어지는 속도가 지구 자전의 속도와 같게 될 것이라고 예측했어요. 그러면 적도 위 한 지점 위에 통신 위성이 자리 잡을 것이라고 여겼지요.

클라크의 상상력은 1965년 실제로 첫 번째 정지 위성이며 상업용 통신 위성인 '얼리 버드'를 쏘아 올렸어요. 현재 클라크 궤도라고 이름 붙은 곳에서는 300여 개의 위성이 지구 주위를 궤도를 따라 돌고 있어요.

Arthur Clarke

출생 1917년, 영국 마인헤드
교육 런던 킹스칼리지
업적 통신 위성을 상상
사망 2008년, 스리랑카

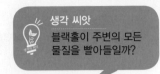
생각 씨앗

블랙홀이 주변의 모든 물질을 빨아들일까?

우주의 비밀을 이해하다 스티븐 호킹

{ 우주가 얼마나 큰지 말할 수 있나요? 스티븐 호킹은 「시간의 역사」라는 책을 통해 우주의 역사와 시공간의 개념을 알기 쉽게 설명한 저자이자 우리 시대 최고의 우주 물리학자예요. 호킹은 아직 밝혀지지 않은 우주의 비밀을 찾기 위해 지금도 연구를 계속하고 있어요. }

스티븐 호킹은 1942년 영국에서 태어나 옥스퍼드 대학과 케임브리지 대학에서 천문학과 응용 수학, 이론 물리학을 연구하며 학창 시절을 보냈어요. 호킹은 1963년, 스무 살 때 운동 신경이 파괴되어 근육이 뒤틀리고 온몸이 마비되는 루게릭 병에 걸렸어요. 하지만 호킹은 좌절하지 않고 연구에 더욱 열정을 쏟아부었어요. 아인슈타인의 일반 상대성 원리를 연구하고, 공간이라는 3차원 세계에 시간이 더해져 4차원의 세계인 시공에 대한 개념을 밝혔어요. 즉, 우주 공간은 휘어져 있고, 그 휘어진 공간에 따라 시간도 다르다는 게 호킹이 말한 시공이에요.

1965년에서 1970년까지 로저 펜로즈와의 공동 연구를 통해 호킹은 시공을 계산하는 새로운 방법을 생각해 냈어요. 그리고 블랙홀 연구에 이 원리를 응용했지요. 블랙홀은 별이 폭발할 때 만들어지는 공

관습과 **통념**을
뒤 흔 든

간이에요. 밀도가 상당히 높고, 중력장이 강해서 한번 끌려 들어가면 빛조차 빠져나오지 못하는 공간이지요. 1967년, 호킹은 「블랙홀의 특이점」이라는 논문에서 별의 폭발 이후에 남은 잔해가 밀도나 중력의 세기가 무한한 한 점(특이점)으로 수축하여 블랙홀이 만들어진다고 설명했어요.

호킹은 계속해서 블랙홀에 대한 연구를 진행했어요. 열역학을 이용해 블랙홀의 증발 이론을 주장하고, 양자론과 일반 상대성 원리를 연결하여 블랙홀이 방사능 입자를 방출할 수 있다고 설명했어요. 그리고 모든 질량과 에너지를 잃어버리면 블랙홀이 사라진다는 것을 밝혔지요. 호킹은 블랙홀이 강한 중력으로 주변의 모든 것을 빨아들인다는 기존의 가설을 뒤집고, 빛보다 빠른 입자를 방출하며 빛을 내고 있다고 주장했어요.

호킹은 아인슈타인의 상대성 이론을 통해 우주가 어떻게 만들어졌는지에 대해 예측했어요. 허블과 르메트르에 이어 우주의 시작을 과학적으로 설명한 스티븐 호킹은 1979년 케임브리지 대학의 수학과 석좌 교수로 임명되었어요. 갈릴레오 갈릴레이가 세상을 떠난 지 꼭 300주년 되는 날에 태어난 호킹은 지금 케임브리지의 아이작 뉴턴의 의자에 앉아 있어요. 뉴턴과 아인슈타인에 이어 물리학의 계보를 이어 받은 호킹은 장애를 이겨 낸 불굴의 의지와 고귀한 정신력으로 더욱더 빛나는 이 시대의 가장 위대한 물리학자예요.

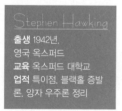

Stephen Hawking

출생 1942년, 영국 옥스퍼드
교육 옥스퍼드 대학교
업적 특이점, 블랙홀 증발론, 양자 우주론 정리

5장

물리학과
화학

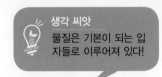
**기체의 성질을
이해하다**

로버트 보일

새로운 것을 연구하고 개발하기 위해서는 많은 비용이 들어요. 그래서 오랜 기간 연구를 하려는 사람은 재산이 많거나, 아니면 든든한 후원자라도 있어야 하는 법이지요. 그런 면에서 부유한 집안에서 태어나 마음껏 연구해도 좋을 만큼 유산을 넉넉하게 물려받은 로버트 보일은 매우 운이 좋은 사람이라고 할 수 있지요.

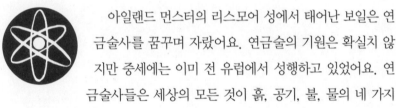

아일랜드 먼스터의 리스모어 성에서 태어난 보일은 연금술사를 꿈꾸며 자랐어요. 연금술의 기원은 확실치 않지만 중세에는 이미 전 유럽에서 성행하고 있었어요. 연금술사들은 세상의 모든 것이 흙, 공기, 불, 물의 네 가지 원소가 섞여 만들어진다고 생각했어요. 또한 네 원소가 가장 완벽한 비율로 결합한 것이 '금'이라고 믿고 그 비율을 알아내기 위해 이런저런 물질을 정제하거나 섞는 여러 가지 실험을 시도했지요.

1661년, 보일은 연금술에서 한 발자국 물러나 『회의적인 화학자』라는 책을 펴냈어요. 보일은 이 책에서 기본적인 실험조차 하지 않으며 연금술을 떠벌리는 사람들에 대해 비판하며 각각의 원소들이 어떤 성분들로 이루어져 있는지 밝혔어요. 보일이 근대 화학의 시작을 연 것이지요.

보일은 물질이 원자 같은 입자들로 이루어져 있다고 밝혔어요. 원자는 움직이면서 서로 충돌하고 있는데, 이 충돌이 새로운 성질을 가진 입자를 만들어 내고, 결정적으로 입자를 구성하는 원자는 바뀌지 않는다고 주장했어요. 보일의 가설이 옳다면 새로운 화합물을 만들어 내거나 원래 구성 요소로 분해하는 것도 가능했지요.

기체 실험은 로버트 후크가 개발한 정교한 공기 펌프 덕분에 수월하게 진행되었어요. 공기가 없는 유리구 안에 불을 켠 양초를 놓아두자 곧 불꽃이 꺼졌어요. 또 불 붙은 숯을 놓아두면 더 이상 타지는 않다가 공기를 주입하면 다시 불이 점화되었어요. 이로써 공기는 물질이 타는 데 필요한 요소라는 것을 알았지요. 같은 장치를 사용해 보일과 후크는 공기가 소리를 전달하는 데도 중요한 역할을 한다는 것을 알아냈어요. 특별한 장치를 이용해 유리구 안에 종을 넣고 치면 공기가 없을 때는 종소리를 들을 수 없지만 공기를 주입하면 종소리를 들을 수 있었지요.

더 나아가 보일은 기체의 부피와 압력에 관한 매우 흥미로운 관계를 추측할 수 있었어요. 이 실험을 위해서는 기체의 양, 온도와 압력, 그리고 기체를 담을 용기의 부피 등을 신경 써야 했어요. 보일은 기체의 양과 온도를 일정하게 하고 용기의 부피나 압력을 변화시켜 보았어요. 용기의 부피를 반으로 줄였을 때는 기체의 압력이 두 배가 된다는 것을 알아냈어요. 즉, 기체의 압력과 부피는 반비례 관계였어요. 1662년, 발표된 기체의 압력과 부피에 관한 이 법칙을 '보일의 법칙'이라고 해요. 보일의 법칙은 이후 기체의 물리적 성질에 관한 다른 연구의 기초가 되었어요.

Robert Boyle
출생 1627년, 아일랜드 리스모어
업적 기체의 물리적 성질을 확인
사망 1691년, 영국 런던

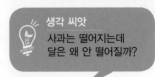

생각 씨앗
사과는 떨어지는데
달은 왜 안 떨어질까?

만유인력을 알아내다 아이작 뉴턴

학창 시절 기록을 보면 뉴턴은 게으르고 주의가 산만한 학생이었다고 해요. 학교 선생님들은 아마도 뉴턴이 무엇에 관심이 있는지를 미처 몰랐나 봐요. 뉴턴은 자라서 누구보다도 뛰어난 수학자이자 물리학자가 되었어요. 고전 역학의 기초가 되는 만유인력을 설명했고, 미적분법을 발명했어요. 위대한 천재 뉴턴은 인류 역사상 가장 큰 영향력을 미친 과학자로 인정받고 있지요.

뉴턴의 초기 학창 시절은 그저 평범했어요. 삼촌의 추천으로 다니던 학교의 교장 선생님은 뉴턴을 케임브리지 트리니티 대학으로 보냈지만, 1665년 흑사병이 영국 전역을 휩쓸면서 대학이 문을 닫자 뉴턴은 할 수 없이 고향 집으로 돌아올 수밖에 없었어요. 하지만 여기에서 새로운 신화가 탄생했어요. 약 1년 동안 뉴턴은 수학과 역학, 광학에 몰두했고, 만유인력의 법칙을 비롯한 엄청난 결과물들을 쏟아냈답니다.

우리가 잘 아는 사과에 대한 이야기도 이 시기의 일화예요. 뉴턴은 사과가 땅으로 떨어지는 것을 보고 물체를 아래로 떨어뜨리는 힘에 대해 생각했어요.

'사과는 왜 아래로 똑바로 떨어질까?'

그 순간 문득 뉴턴에게 또 다른 생각 하나가 퍼뜩 떠올랐어요.

'사과는 떨어지는데 저 하늘의 달은 왜 떨어지지 않는 걸까?'

관습과 통념을
뒤 흔 든

하늘과 땅을 연결하는 생각을 거듭한 끝에 뉴턴은 세상에 있는 모든 물체들은 서로 끌어당긴다는 결론을 내렸어요. 예를 들면 지구와 사과가 그렇고, 달과 지구도 서로 끌어당긴다는 것이지요. 물체가 땅으로 떨어지는 현상과 하늘에서 달이 지구를 도는 현상이 같은 힘에 의해 일어난다는 사실을 최초로 깨달은 거예요. 뉴턴은 그 힘의 크기가 두 물체의 질량의 곱을 둘 사이의 거리의 제곱으로 나눈 값이라고 계산했어요. 이것을 중력의 역제곱 법칙이라고 부르지요.

$$힘 = \frac{질량1 \times 질량2}{거리^2}$$

1687년, 뉴턴은 『자연 철학의 수학적 원리』라는 세 권의 책을 펴내며 자연에 존재하는 기본적인 세 가지 법칙에 대해 설명했어요.

1. 관성의 법칙 : 가만히 있거나 일정한 운동을 하는 물체는 다른 힘이 작용하지 않는 한 그 상태를 계속 유지한다.
2. 가속도의 법칙 : 운동하는 물체에서 질량과 속도의 변화를 측정하면 물체에 작용한 힘을 계산할 수 있다.
3. 작용·반작용의 법칙 : 한 물체가 다른 물체에 힘을 가하면, 힘을 받은 물체는 힘을 가하는 물체에 똑같은 힘을 미친다.

중력에 대한 뉴턴의 이론은 300년 동안 물리학의 기반이 되었어요. 그리고 그 위대한 가치는 지금도 계속 이어지고 있지요.

Isaac Newton
출생 1643년, 영국 울즈소프
교육 케임브리지 대학교
주요 업적 중력과 역학 연구의 선구자
사망 1727년, 영국 런던

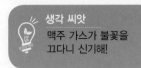
산소를 발견하다 조지프 프리스틀리

여섯 형제 중 첫째로 태어난 조지프 프리스틀리는 폐결핵에 걸려 어려서 학교를 그만두어야 했어요. 그러나 프리스틀리는 독학으로 그리스어와 라틴어, 히브리어를 배웠고 프랑스어와 이탈리아어, 독일어까지 공부했어요. 또한 지리학과 수학에도 뛰어난 이해력을 가지고 있었어요. 정규 교육을 거의 받지 못했지만 배움에 대한 프리스틀리의 열정을 아무도 막지 못했어요.

20대 초반에 프리스틀리는 목사가 되기 위해 신학을 공부했어요. 또 사람들과 사귀기를 좋아했기 때문에 목사가 된 뒤에도 당대의 위대한 사상가들과 열심히 만나 생각을 나누었어요.

1766년에는 정치적 열정을 품고 벤저민 프랭클린과 만났어요. 프랭클린은 정치가일 뿐만 아니라 폭풍에서 연을 날려 번개가 전기적 성질을 갖고 있다는 것을 증명한 과학자였어요. 전기에 관심이 많았던 프랭클린의 영향으로 프리스틀리는 과학에 관심을 갖게 되었고, 얼마 지나지 않아 탄소에 전기가 통한다는 사실을 알아냈어요.

몇 년 후 프리스틀리는 가족들을 데리고 맥주 공장 근처로 이사를 하게 되었어요. 맥주를 만드는 과정에서 발효되는 맥주 위에 가스 층이 생기는데, 이 가스가 나무 조각에 남아 있는 불꽃을 끄는 것을 보고 프리스틀리는 큰 호기심을 느꼈어요. 그래서 곧장 실험실을 차리고 가스 실험을 시작했지요. 프리스틀리는 맥주를 만드는 과정에서 발견된 가스를 물에 녹여 톡 쏘는 음료인 소다수를 제조했는데, 영국 왕립 학회에서 큰 관심을 보였어요. 이 기체가 바로 이산화탄소였기 때문이지요.

프리스틀리는 1774년에 더 놀라운 일을 해냈어요. 바로 산소를 발견한 일이지요. 프리스틀리는 뒤집은 유리병을 수은으로 채우고 여기에 나무 조각이나 다른 화학 물질을 함께 넣었어요. 상온에서 액체인 수은은 밀도가 매우 커서 같이 있는 다른 물질이 대부분 위로 떠올라요. 프리스틀리는 수은이 들어 있는 병을 향해 큰 확대경으로 햇빛을 모았어요. 그러자 병 안의 물질이 타면서 생긴 물질들이 수은 위쪽으로 모였지요. 프리스틀리는 수은이 타면서 방출된 기체가 궁금했어요. 이 기체는 촛불을 더 밝게 타오르게 했어요. 수은이 든 병에 식물을 넣어 두기도 했는데, 식물들 역시 똑같은 기체를 만들어 낸다는 것을 알아냈지요.

유럽 여행에서 프리스틀리는 앙투안 라부아지에라는 프랑스 화학자를 만났는데, 그는 프리스틀리가 발견한 기체가 자신이 하고 있던 연소 실험의 열쇠를 쥔 특별한 기체라는 것을 알아차렸어요. 라부아지에는 이 기체가 물질과 결합해 연소가 일어나게 하며 호흡에 필수적이라고 밝히고 '산소'라고 이름을 붙였어요. 프리스틀리는 산소를 발견했고, 라부아지에는 프리스틀리의 실험에 영감을 받아 산소의 연소 이론을 정립했어요. 이 과정을 통해 두 과학자는 화학의 혁명을 이루게 되었어요.

Joseph Priestley
출생 1733년,
영국 브리스틀
업적 산소 발견
사망 1804년,
영국 노섬벌랜드

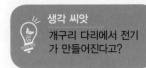
전지를 만들다 알렉산드로 볼타

여러분은 전기가 없는 세상을 상상할 수 있나요? 그러나 알레산드로 볼타가 태어났을 때는 세상에 전기 같은 것은 없었고 전기를 이용해 뭔가 할 수 있다는 것도 알지 못했어요. 볼타는 네 살이 되도록 말을 하지 않아서 가족들을 걱정시켰다고 해요. 그러나 가족들의 걱정은 괜한 것이었어요. 볼타는 물리학교수가 되었고, 최초로 전지를 만들어 내기도 했으니까요.

 지방 고등학교에서 물리를 가르치던 볼타는 '전기 쟁반'이라는 장치를 이용해 정전기를 유도하여 전기를 모으는 실험을 했어요. 그리고 스웨터에 풍선을 문지르는 것과 유사한 방법으로 마찰 전기를 만들어 냈지요. 볼타는 3년 뒤에 이탈리아 북부에 위치한 파비아 대학의 물리학 교수가 되었어요.

파비아 대학에서 볼타는 루이지 갈바니와 만났어요. 갈바니는 죽은 지 얼마 안 된 개구리 다리를 자르다가 해부용 칼이 다리를 고정하고 있던 놋쇠 고리에 닿자 개구리 다리에 경련이 일어나는 것을 보았어요. 갈바니는 개구리 다리 자체가 전기를 일으킨다고 생각하고, 이를 '동물 전기'라고 불렀어요. 그러나 볼타는 갈바니의 그 실험에 의문이 들었어요. '전류가 실험동물 외부에서 온 것은 아닐까?' 볼타는 두 개의 서로 다른 금속을 가까이 하면 이따금 작은 전류가 발생하는 것

관습과 통념을
뒤 흔 든

을 발견했어요. 실험을 거듭한 끝에 개구리 다리에 경련을 일으키기 위해서는 금속 회로의 끝이 서로 다른 금속이어야 한다는 것을 알아냈지요. 개구리 다리의 경련은 해부용 칼이 고리에 닿아서 일어난 일일 것이라고 추측했어요.

1800년에는 세계 최초로 지속적으로 전기를 만들어 내는 '볼타 파일(볼타 전지)'이 탄생했어요. 볼타 파일은 얇은 구리과 아연판, 소금물에 적신 판지를 겹겹이 쌓아 만든 기둥이었어요. 이 기둥의 아래쪽과

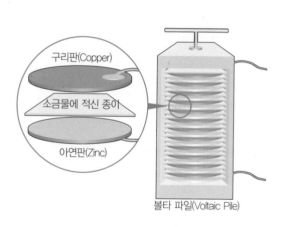

구리판(Copper)

소금물에 적신 종이

아연판(Zinc)

볼타 파일(Voltaic Pile)

Alessandro Volta

출생 1754년, 이탈리아 코모
업적 최초의 화학 전지를 발명
사망 1827년, 이탈리아 코모

볼타 파일은 최초의 전지이다. 볼타는 몇 장의 구리판과 아연판, 소금물에 적신 판지를 여러 겹으로 쌓았다. 그 결과 서로 다른 두 금속 사이에 약한 전류가 생성되는 것을 알아냈다.

위쪽에 서로 다른 금속을 잇고 전선을 연결하면 전류가 흘렀어요. 최초의 전지가 탄생한 것이지요.

오늘날 일상생활에서 쓰는 모든 가전제품의 전압 단위는 볼트(v)로 나타내요. 이는 알레산드로 볼타의 이름을 딴 것으로, 전기 화학의 기원을 열고 전기를 이해하고자 한 그의 업적을 기리기 위한 것이라고 해요.

Electricity
전기

요즘에는 전기가 사용되지 않은 곳이 거의 없어요. 전기의 발견은 세상을 바꾸었다고 할 정도예요. 전기는 전자의 이동으로 생기는 일정한 에너지로, 빛이나 열, 동력 등 다른 여러 가지 형태로 전환될 수 있어요. 전기의 사용은 사람들의 생활을 바꾸었고, 자동차와 통신, 수많은 전기용품의 개발로 이어졌어요. 불을 발견한 이래 인류가 얻은 가장 강력한 에너지라고 할 수 있지요.

기원전 600년경 탈레스에 의하면 고대 그리스인들도 전기에 대해 알고 있었다고 해요. 그들은 광물의 일종인 호박을 털가죽으로 문지를 때 털이 호박 쪽으로 끌려오는 것을 발견했어요. 또 호박을 충분히 오래 문지르면 툭 하고 불꽃이 튀는 것도 관찰할 수 있었지요. 그리스어로 호박을 '일렉트론'이라고 하는데, 이것이 '전기(electricity)'의 어원이 되었어요. 전기를 이해하기 위해서는 우선 모든 물질이 원자로 이루어져 있다는 사실을 알아야 해요. 원자는 아주 작지만 그 중심에는 핵이 있어요. 핵에는 중성자와 양성자가 있고, 핵을 중심으로 전자라고 불리는 작은 입자가 움직이고 있답니다. 원자는 너무 작아 실제로 볼 수 없기 때문에 상상만으로 그 형태를 짐작해야 할 거예요. 아주 작은 태양계를 떠올려 보세요. 중심에 존재하는 핵을 태양으로 볼 때, 전자는 태양을 도는 행성처럼 움직이고 있어요. 원자에 따라 양성자, 중성자, 전자의 수는 각각 다르고, 양성자가 플러스(+) 전하라면 전자는 마이너스(−) 전하를 갖고 있지요. 중성자에는 전하가 없고 중립적인 성질을 띠고 있어요. 양성자 하나의 전하(+)

관습과 통념을
뒤 흔 든

세기와 전자 하나의 전하(-) 세기가 같기 때문에, 하나의 원자에서 양성자의 수와 전자의 수가 같을 때는 이 원자를 '전기적 중성'이라고 말해요.

중성자와 양성자 서로 단단하게 붙들고 있어요. 그러나 전자는 쉽게 움직일 수 있어서 한 원자에서 다른 원자로 이동도 가능해요. 일반적으로 금속 물질은 쉽게 움직이는 전자들을 갖고 있어요. 자유 전자라고 부르는 이 전자 때문에 금속 물질에서는 전기가 잘 흐르고, 또한 열을 갖고 움직일 수 있어서 열 전도성도 좋아요. 얼마나 쉽게 전자를 내보내느냐 하는 정도는 전기 전도성으로 설명할 수 있어요. 전자의 흐름을 전류라고 하는데, 금속과는 달리 플라스틱이나 고무 같은 물질은 전자를 강하게 붙잡는 원자들로 이루어져 있어서 전류가 흐르기 어려워요.

전기의 성질을 처음 연구한 사람은 벤저민 프랭클린이에요. 1740년대 보스턴에서 프랭클린은 물건을 마찰할 때 특별한 힘이 생기는 물질들을 관찰했어요. 이 힘은 머리카락을 가닥가닥 위로 서게 하는 등 흥미로운 결과를 가져왔어요. 프랭클린은 전기가 물을 통과한다는 것과 알코올이나 화약을 점화시키는 힘으로 사용할 수 있다는 것도 알아냈어요. 1752년 6월 어느 날, 프랭클린은 폭풍 속에서 연 날리기 실험을 시도했어요. 이 유명한 실험을 통해 프랭클린은 전하를 모을 수 있다는 것을 알았고, 번개는 엄청난 전기 방전으로 일어나는 현상이라고 추측했어요. 프랭클린의 실험은 우리 주변에 일상적으로 전기가 존재한다는 중요한 깨달음을 남겼고, 인간이 이용할 수 있는 에너지가 될지도 모른다는 가능성을 꿈꾸게 해 주었어요.

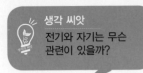

생각 씨앗
전기와 자기는 무슨
관련이 있을까?

**전자기를
이해하다** # 마이클 패러데이

{ 좋은 가정에서 태어나 충분한 교육을 받고, 업적을 쌓아 이름을 알린 사람
도 있지만 마이클 패러데이는 오직 명석하고 예리한 이성으로 그 이름을 알
렸어요. 런던 근교에서 대장장이의 아들로 태어난 패러데이는 종교적인 분
위기에서 자라났어요. 이런 영향으로 세상과 자연의 질서를 알고 싶은 열망
을 갖게 되었지요. }

　　　　　　어려운 가정형편 때문에 패러데이는 일할 수 있는 나
이가 되자 제본소의 견습생으로 들어갔어요. 하지만 책
을 제본하는 일보다는 읽는 것을 더 좋아했지요. 당시
시립 철학회라는 단체가 강연을 열었는데, 패러데이는 매
주 이곳에서 과학 강연을 듣고 토론에 참여했어요. 항상 맨 앞줄에서
강연을 들으며 열심히 메모를 했지요. 실험 장비를 구하는 게 쉽지 않
았지만 폐품 가게에서 구한 병으로 라이덴 병과 발전기를 만들었고,
마찰 전기 장치를 조립해 정전기 실험을 했지요.

　　열아홉 살 때 패러데이를 과학계로 이끈 일생일대의 기회가 왔어
요. 영국 왕립 연구소의 험프리 데이비의 조수가 되어 유럽 여행길에
오르게 된 것이었어요. 패러데이가 만난 많은 과학자들 가운데는 볼
타도 있었는데, 볼타는 패러데이에게 전기에 관한 연구를 하도록 영감
을 불어넣어 주었지요.

92
　　　　　　　　　　　　　　　　　　　관습과 통념을
　　　　　　　　　　　　　　　　　　　뒤　흔　든

1820년, 덴마크의 한스 크리스티안 외르스테드는 전선 가까이에서 전류 스위치를 켰을 때 나침반 바늘이 북극을 가리키지 않은 것을 보고 전류가 자기를 만들어 낼 수 있다는 결론을 내렸어요. 1821년, 패러데이 실험은 여기에서 한 걸음 더 나아갔어요. 먼저 수은이 담긴 통에 자기를 만들어 내는 자석을 고정한 뒤 전선에 연결한 코르크를 떠 있게 했어요. 그런 뒤 전선을 통해 강한 전류를 흘려보내자 코르크가 회전했어요. 전류가 자기장을 만들어 낸다는 것을 입증한 것이지요. 이 실험은 훗날 전기 모터의 발명으로 이어졌어요. 패러데이는 전기가 자기장을 만들 수 있다면 자기력 또한 전기를 만들어 낼 수 있다고 생각했어요. 그래서 강력한 자석을 코일 가까이에서 움직여 짧은 전기 신호를 일으켰지요. 전기 변환과 발생의 원리인 '전자기 유도'를 발견해 낸 거예요. 이로써 19세기 과학자들의 전기에 대한 호기심은 강력하고 유용한 기술로 전환되었어요.

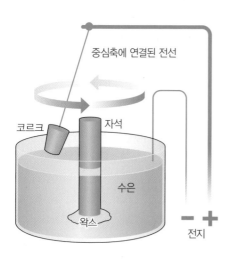

중심축에 연결된 전선

코르크 자석

수은

왁스

전지

Michael Faraday
출생 1791년, 영국 뉴잉턴
업적 전자기 유도 법
칙 발견
사망 1867년, 영국 햄프턴

패러데이는 자기장이 형성된 곳에서 전선을 통해 전기가 흐를 때 전선에 매달린 코르크 마개가 회전하는 것을 발견했다. 이 발견은 전기 모터의 발명으로 이어졌다.

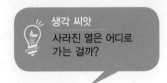
열과 에너지를 이해하다 　제임스 줄

{ 잉글랜드의 맥주 양조업자의 아들로 태어난 제임스 줄은 몸이 약해서 학교를 거의 다니지 못했어요. 그러나 개인 교습을 받으며 산술과 기하학을 배우고 화학과 공학에도 관심을 가졌어요. 줄의 연구는 신학적 믿음을 바탕으로 시작되었어요. 신이 모든 것을 만들었고, 인간은 신이 만든 자연의 숨은 질서를 찾아낼 뿐이라고 믿었지요. }

'열은 물질인가?', '열은 어떻게 옮겨 갈까?', '사라진 열은 어디로 가는 것일까?' 이런 의문들은 제임스 줄에 의해 해결의 실마리를 찾게 되었어요.

1840년, 줄은 전류가 지나는 전선에서 열이 발생하는 현상을 주의 깊게 관찰했어요. 전선에 흐르는 전류와 저항을 변화시키자 전류의 제곱에 비례해 전선이 가열된다는 사실을 발견할 수 있었지요. 즉, 전류의 세기를 두 배로 하면 발생하는 열은 네 배로 증가하고, 전류의 세기를 세 배로 하면 아홉 배의 열이 발생했어요. 이것은 다음과 같이 줄의 법칙으로 정의되었어요.

열량 = 전류의 세기^2 × 전선의 저항 × 전류를 흘려보낸 시간

자연계에 존재하는 일정한 힘에 대한 줄의 관심은 계속되었어요.

줄은 물에서 노를 저으면 물의 온도가 올라간다는 율리우스 마이어의 연구에 주목했어요. 줄은 물을 넣은 통 속에 발전기를 넣고 작동시키는 실험을 직접 해 보았어요. 기계적인 일로 인해 물의 온도가 상승하는지 알아보기 위해서였지요. 이 실험을 통해 그는 기계적 에너지가 열로 바뀔 수 있음을 증명했어요. 그러나 오랜 시간이 흐른 뒤에야 과학자들은 줄의 연구를 인정했어요. 이후 7년 동안 줄은 톰슨과 공동 연구를 진행했어요. 두 사람은 기체를 팽창시키면 냉각된다는 사실을 알아냈어요. 이것이 바로 1853년에 발표된 '줄-톰슨 효과'예요. 오늘날 냉각 시스템을 만드는 과정에서 가장 중요한 이론이지요.

패러데이의 전자기 유도 발견에 자극을 받고 전류로부터 일 에너지를 발생시키는 장치에 대해 연구했던 줄은 열역학 제1법칙인 '에너지 보존 법칙'을 정립했어요. 그리하여 오늘날 우리는 열과 에너지의 단위로 '줄(J)'을 사용하고 있어요.

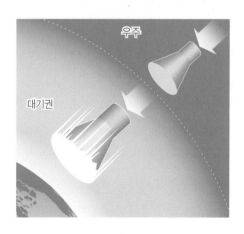

James Joule
출생 1818년, 영국 샐퍼드
교육 존 돌턴에게 배움
업적 일과 열, 에너지 사이의 관계 정의
사망 1889년, 영국 세일

줄은 움직이는 물체의 운동 에너지가 열이나 다른 형태의 에너지로 변화될 수 있다는 것을 깨달았다. 지구 대기권으로 진입하는 우주선이 가속되면서 마찰에 의해 강한 열을 내는 것이 그 예다.

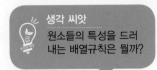

생각 씨앗
원소들의 특성을 드러
내는 배열규칙은 뭘까?

원소를 분류하다 드미트리 멘델레예프

1834년, 시베리아 토볼스크의 한 마을에서 태어난 드미트리 멘델레예프는 서른다섯 살에 상트페테르부르크 대학의 화학과 교수가 되었어요. 화학은 이제 연금술의 시대에서 벗어나 물질에 대한 중대한 발견들이 이어지고 있었고, 멘델레예프 또한 화학사에 획을 그을 만한 중대한 업적을 남겼어요.

화학의 역사를 거슬러 올라가자면 연금술을 빼놓을 수 없어요. 아마도 세상에 존재하는 물질에 대한 연금술사들의 관심과 열정 때문일 거예요. 그러나 연금술사를 과학자라고 부르는 것이 조심스러운 이유는 연금술이 일반적인 법칙을 가지고 있지 못했기 때문이에요. 19세기에 들어서면서 새로운 화학 원소들이 발견되면서 화학은 이제 연금술을 뒤로하고 과학에 한 걸음 다가섰어요. 그러나 여전히 일반적인 법칙이 존재하지 않았고, 그것을 통한 예측이 가능하지 않았기에 과학이라고 인정받지 못했지요.

이 무렵 멘델레예프는 아버지가 돌아가신 뒤 시베리아에서 상트페테르부르크로 옮겨 갔어요. 대학에서 수학과 물리학, 화학을 전공한 뒤 고등학교 교사가 되었고, 그 뒤 화학과 교수가 되었지요. 기존에 있던 화학 교과서에 불만이 많았던 멘델레예프는 『화학의 원리』라는 책

관습과 통념을
뒤 흔 든

을 펴내면서 화학 원소 사이의 관계를 알아내고자 연구를 했어요. 멘델레예프는 당시 알려진 63개의 원소들 사이에 일정한 규칙이 있으리라 생각했어요. 그래서 원소들의 비슷한 특성을 연구하여 원소들을 규칙에 따라 분류해 보고자 했지요.

1869년 2월 17일, 63장의 카드를 늘어놓고 멘델레예프는 원소들 사이에 있는 연결 고리를 찾기 위해 고심했어요. 각 카드에는 원소의 이름을 하나씩 썼고, 원자량과 그때까지 알려져 있는 해당 원소의 물리적, 화학적 성질도 함께 적어 넣었지요. 그런 다음 수직으로는 원자량이 증가하는 순서, 수평으로는 비슷한 성질을 가진 원소들을 배열했어요. 멘델레예프의 주기율표가 탄생한 순간이었어요. 멘델레예프가 정리한 주기율표에는 빈칸도 있었어요. 아직 발견되지 않은 원소들의 자리였지요. 당시 과학자들은 주기율표를 보고 원소들이 엉뚱하게 배열되었다며 코웃음을 쳤어요. 그러나 멘델레예프는 알려진 질량이 잘못된 것이라고 예상했어요. 시간이 흘러 빈칸을 채우는 원소들이 발견되고 잘못 측정된 원소의 질량이 바로잡아지면서 주기율표가 정확하게 맞아떨어졌어요. 이미 알려진 원소와 앞으로 발견될 원소에 대한 정확한 예측! 이것이 바로 멘델레예프의 주기율표가 위대한 이유라고 할 수 있어요. 멘델레예프의 주기율표는 원소가 일정한 간격으로 규칙적인 성질을 나타낸다는 것을 보여 주었어요. 이것은 이후 새로운 원소 발견의 나침반이 되었고, 주기적인 성질이 나타나는 이유를 찾으려는 노력은 원자 구조에 대한 연구로 이어졌어요.

Dmitrii Mendeleev

출생 1834년,
러시아 시베리아
교육 상트페테르부르크
대학교
업적 원소 주기율표 발표
사망 1907년,
러시아 상트페테르부르크

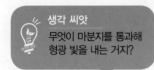

생각 씨앗
무엇이 마분지를 통과해
형광 빛을 내는 거지?

엑스선을 발견하다 빌헬름 뢴트겐

19세기의 위대한 발견이라고 하면 라듐과 엑스선을 꼽을 수 있어요. 이 중 엑스선의 발견은 빌헬름 뢴트겐에게 노벨 물리학상을 안겨 주었어요. 엑스선 발견 이후 원자 물리학의 연구가 가속화되었고, 이어진 방사능의 발견으로 20세기 물리학이 새로운 장을 열었답니다.

학창 시절 뢴트겐은 그다지 특별할 것이 없었지만 혼자서 자연을 탐구하고 기계를 만드는 것을 좋아했답니다. 취리히 대학에서 물리학을 공부한 뒤 뷔르츠부르크 대학의 물리학 교수가 된 뢴트겐은 낮은 압력의 가스가 채워진 관을 이용해 방전 실험을 하고 있었어요. 진공에 가까운 방전관에 높은 전압을 흐르게 하면 음극선이 쏟아져 나온다는 것은 이미 알려진 사실이었어요. 1895년 11월 8일 밤, 뢴트겐은 방전관을 두꺼운 검은색 마분지로 둘러싸고 어떤 빛도 통과하지 않는다는 것을 먼저 확인했어요. 불을 끄고 모든 빛을 차단한 뒤 실험을 진행하자 방전관에서 1미터 정도 떨어진 곳에 놓인 종이 표면에 형광 빛이 나타났어요. 이 종이는 백금 시안화 바륨을 코팅한 종이였어요. 종이를 방전관에서 2미터나 떨어진 곳에 두어도 형광 빛이 나타났어요. 가시광선이나 자외선은 마분지를 투과할 수 없어요. 뢴트겐은 무엇이 마분지를 통과해 형광 빛을 내는지 호기심이 생겼어요. 실험을 해 보니 두꺼운 책, 나무토막, 헝겊 등 다른 물체들에서도 역시 투과가 일어났어요. 자기 아내 손도 광선에 비춰 보았어요. 그러자 광선이 살을 통과하여 뼈의 모습을 보여 주었어요. 아내의 손이 분명하다는 것은 그녀가 낀 반지로 알 수 있었지요. 이것이 바로 최초의 '엑스레이'예요. 이제 인류는 인체 내부를 들여다볼 수 있는 획기적인 진단법을 얻게 된 것이지요. 뢴트겐은 음극선이 물체에 부딪쳤을 때 만들어진 새로운 광선을 미지의 광선이라는 의미로 '엑스(X)선'이라고 이름 붙였어요. 이 업적으로 뢴트겐은 1901년 최초의 노벨 물리학상을 받았어요. 뢴트겐의 우연한 발견은 공학과 의학 분야의 획기적인 발전을 가져왔어요. 뢴트겐의 발견에 힘입어 프랑스의 베크렐은 우라늄에서 최초의 방사선을 발견했고, 톰슨은 빛의 입자성을 증명하였지요. 더 나아가 20세기 핵물리학과 상대성 이론이 탄생할 수 있는 중요한 계기가 되었어요.

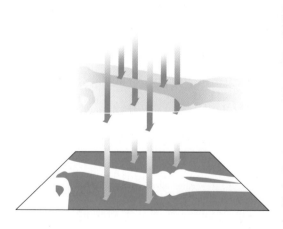

Wilhelm Röntgen
출생 1845년, 프러시아 레네프(지금의 독일 렘샤이트)
교육 취리히 대학교
업적 엑스선 발견
사망 1923년, 독일 뮌헨

다른 비율로 엑스선을 흡수한 서로 다른 신체 조직이다. 감광판에 엑스선을 쪼였을 때, 더 적은 빛이 투과된 뼈 부위는 필름에 흰 그림자로 나타난다.

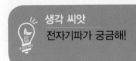

생각 씨앗
전자기파가 궁금해!

전자기파를
증명하다

하인리히 헤르츠

서른일곱 살에 갑작스레 세상을 떠난 하인리히 헤르츠는 그 짧은 생애에도 불구하고 전자기파의 존재를 입증하고, 그 성질을 밝힌 뛰어난 과학자예요. 함부르크에서 태어난 헤르츠는 뮌헨과 베를린의 대학에서 공부한 뒤 물리학 교수가 되어 학생들을 가르치면서 전자기파에 대한 비밀을 파헤쳤어요.

1883년, 키엘 대학의 이론 물리학 강사가 된 하인리히 헤르츠는 제임스 클러크 맥스웰의 전자기 이론을 확인하는 연구를 했어요. 맥스웰의 전자기 이론은 뉴턴이 말한 '에테르'라는 특이한 아이디어에 기초를 두고 있어요. 맥스웰은 전자기는 매질인 에테르를 통해 퍼져 나가기 때문에, 전자기적 흐트러짐을 만들어 전자기가 공간 속을 어떻게 퍼져 나가는지 알아볼 수 있다고 했어요. 당시 많은 과학자들이 이 에테르의 존재에 매달려 있을 때, 헤르츠는 전자기 이론을 연구하며 에테르라는 개념이 잘못되었고, 더 이상 필요하지 않다는 것을 알아냈지요.

1885년, 독일 카를스루에 대학의 물리학 교수가 된 헤르츠는 전자기 이론 연구를 하다가 놀라운 효과를 발견했어요. 자외선을 쪼인 전극 사이에서 전기 불꽃 방전을 일으키는 광전 효과를 관찰한 것이지요. 광전 효과는 빛에 쪼인 금속 표면에서 전자가 튀어나오는 현상으

관습과 통념을
뒤 흔 든

로 빛을 전기 신호로 변환할 수 있는 장치의 기본 원리예요. 길 안내 위성에 쓰이는 광전지의 작동 원리이기도 하지요. 아인슈타인은 1905년에 이 광전 효과에 대한 논문을 써서 노벨상을 받기도 했어요.

당시 헤르츠는 광전 효과의 중요성을 깨달았지만 다른 곳으로 관심을 돌렸어요. 틈새가 있는 금속 막대를 연결한 전기 회로를 사용해서 전기 파장을 만드는 일이었어요. 헤르츠는 실험을 통해 이 불꽃 방전이 전자기 파장을 일으킨다는 것을 밝혔어요. 또 빛처럼 파장도 모으거나 반사할 수 있고, 비전도성 물질을 통과해 직진할 수 있다는 것을 알아냈지요. 이로써 전자기파의 존재를 확인했고, 그 전파 속도가 빛의 속도와 같다는 것을 입증했답니다. 또한 전자기파가 빛이나 열복사와 같은 성질을 갖고 있다는 것도 알아냈지요.

헤르츠는 전자기파를 발견하긴 했지만 실용적인 이용에는 큰 관심이 없었어요. 영국의 전기학자 올리버 헤비사이드는 "불과 3년 전만 해도 전자기파는 없었다. 그러나 이제는 세상 어디에나 존재한다."고 말하며 전자기파에 대한 흥분을 감추지 못했어요. 굴리엘모 마르코니라는 이탈리아의 젊은 발명가도 이것이 얼마나 특별한 것인지 간파했어요. 즉시 개발에 착수한 마르코니는 1마일 이상 전자기파 신호를 보내는 데 성공하고 1901년에는 대서양을 지나 콘월에서 뉴파운드랜드까지 신호를 전송했어요. 그리하여 세계는 라디오의 시대를 맞이하게 되었고, 오늘날 우리는 진동수의 단위로 헤르츠(Hz)를 사용하게 되었지요.

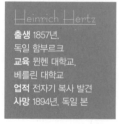

Heinrich Hertz
출생 1857년,
독일 함부르크
교육 뮌헨 대학교,
베를린 대학교
업적 전자기 복사 발견
사망 1894년, 독일 본

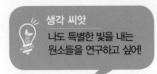
방사능을 발견하다 마리 퀴리

{ 여성들이 과학 분야에서 크게 활동하지 않을 때에 마리 퀴리는 과학 실험의 즐거움에 푹 빠져 있었어요. 마리 퀴리의 열정은 방사능의 발견이라는 경이로운 업적으로 이어졌고, 마리 퀴리의 이름을 세상에 널리 알렸지요. 그러나 불행히도 방사능에 지속적으로 노출된 마리 퀴리는 결국 백혈병으로 목숨을 잃고 말았답니다. }

어려운 형편에서도 강한 집념으로 공부한 마리는 물리학과 수학에서 큰 재능을 보였어요. 1895년, 피에르 퀴리와 결혼을 하고 공동으로 연구 생활을 시작했지요. 그해 빌헬름 뢴트겐이 엑스선을 발견하고, 헨리 베크렐이 우라늄이 포함된 광석에서 알 수 없는 빛이 방출되는 것을 발견했어요. 마리도 우라늄에서 방출되는 광선을 연구하기로 했어요. 그래서 남편 피에르가 교수로 있던 학교 창고에 실험실을 차리고 연구한 결과 방사능의 세기가 우라늄의 양에 의존한다는 것을 알아냈답니다. 방사능은 젖거나 마르거나 하는 것에 상관이 없었고, 빛이나 열에 노출시켜도 영향을 받지 않았어요. 이를 통해 마리는 방사능이 원자 자체의 성질이라는 결론을 내렸어요.

1898년, 퀴리 부부는 우라늄 광물에서 두 개의 새로운 원소를 발견했어요. 7월에 발견된 원소는 마리의 조국인 폴란드의 이름을 따 '폴

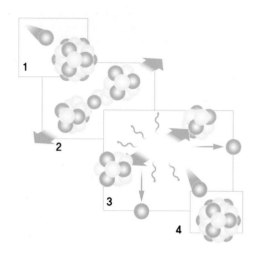

Marie Curie
출생 1867년, 폴란드 바르샤바
교육 파리 소르본 대학교
업적 방사능 발견
사망 1934년, 프랑스

1. 우라늄235의 핵을 중성자로 때린다. 2. 중성자가 흡수되어 우라늄236이 되고 이것은 두 개의 비슷한 크기의 핵으로 쪼개진다. 3. 이 분열은 중성자뿐만 아니라 엄청난 양의 복사 에너지를 발생한다. 4. 이 과정이 다시 반복되면 또 다른 핵이 쪼개어져 나온다.

로늄'이라고 이름 붙였어요. 12월에는 우라늄보다도 훨씬 강한 방사능을 가진 원소를 발견해 '라듐'이라고 이름 붙였지요. 이 공로로 퀴리 부부와 프랑스의 베크렐은 1903년 공동으로 노벨 물리학상을 받았어요.

방사능의 쓸모를 먼저 알아본 것은 산업 분야였어요. 마리 퀴리도 방사능이 의학적으로 유용할 것이라고 생각했지만 암세포를 없애기 위해 사용할 때 세포 조직에 손상을 줄 수도 있음을 경고했어요. 또한 방사성 물질이 열의 근원이 될 수 있으니 최대한 안전하게 다루어야 한다고 생각했답니다. 마리의 예측은 불행히도 맞아떨어졌어요. 20세기가 되면서 방사능 물질이 갖고 있는 엄청난 에너지는 원자력으로, 그리고 치명적인 핵무기로도 쓰이게 되었어요. 마리에게는 '최초'라는 이름이 따라다녀요. 최초의 여성 노벨상 수상자였고, 최초의 소르본 대학 여교수였어요. 오늘날 우리는 방사성 물질의 양을 나타내는 단위로 퀴리(Ci)를 쓰고 있어요.

원자핵의 비밀을 풀다

어니스트 러더퍼드

1937년, 어니스트 러더퍼드가 갑자기 세상을 떠났을 때, 〈뉴욕 타임스〉는 이렇게 보도했어요. "러더퍼드는 작은 우주라 할 수 있는 원자 내부를 최초로 관통해 무한하고 복잡한 우주로의 탐험을 이끌었다." 영국의 물리학자인 러더퍼드는 방사능의 법칙을 세웠을 뿐 아니라 방사능의 자연 붕괴 현상을 밝혀 노벨상을 받았어요.

뉴질랜드의 한 시골 농부의 아들로 태어난 러더퍼드는 연구 장학금으로 영국 케임브리지로 건너가 공부할 수 있었어요. 1898년, 러더퍼드는 방사성 원소에서 나오는 빛에 알파선과 베타선, 두 가지 형태가 있음을 발견했어요. 이 가운데 알파선(알파 입자)은 나중에 전자가 떨어져 나온 헬륨 원자임이 밝혀졌고, 자기장에 의해 구부러지는 베타선(베타 입자)은 전자로 밝혀졌어요. 이를 통해 러더퍼드는 '방사성 원소 붕괴 이론'을 발표했어요. 방사능은 방사성 원소가 새로운 원소로 자연적으로 분해되면서 방출된다는 이론이었지요.

1904년, 톰슨이 제시한 원자 모형은 균일하게 분포된 양전기 안에 음전하가 묻혀 있는 둥근 입자 형태였어요. 러더퍼드는 톰슨이 제시한 원자 모형이 맞는지 확인하기 위해서 유명한 알파 입자 산란 실험을 진행했지요. 먼저 라듐에서 나오는 알파 입자를 얇은 금박에 충돌

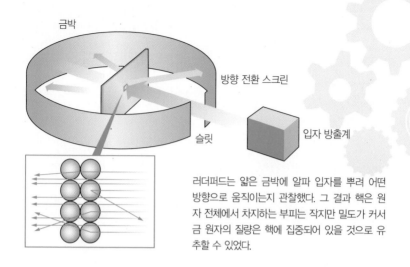

금박

방향 전환 스크린

슬릿

입자 방출계

러더퍼드는 얇은 금박에 알파 입자를 뿌려 어떤 방향으로 움직이는지 관찰했다. 그 결과 핵은 원자 전체에서 차지하는 부피는 작지만 밀도가 커서 금 원자의 질량은 핵에 집중되어 있을 것으로 유추할 수 있었다.

시킨 후 그 진행 경로를 알아보았어요. 그 결과 대부분의 알파 입자들은 크게 굴절되지 않고 곧게 나아갔지만 몇 개는 90도 이상의 큰 각도로 휘어졌어요. 이 현상은 톰슨의 원자 모형으로는 도저히 설명할 수 없었어요. 그래서 금박을 이루는 원자 내부의 핵이 알파 입자를 산란시킨다고 가정했어요. 실험을 통해 러더퍼드는 한 점에 양전하가 집중되어 있는 작고 무거운 핵의 존재를 밝혀냈답니다.

1913년, 러더퍼드는 자신의 원자 모형을 이렇게 설명했어요. 원자 내부는 대부분 빈 공간으로 이루어져 있다. 그런데 중심에는 양전하를 띤 핵이 있고, 그 주위를 음전하를 띤 전자가 돌고 있다.” 러더퍼드는 우라늄 광선에서 알파와 베타라는 두 가지 종류의 광선을 발견한 뒤 라듐을 이용해 알파 입자를 확인하고 원자핵의 존재를 입증했어요.

Ernest
Rutherford

출생 1871년, 뉴질랜드
교육 뉴질랜드 크리스트처치 캔터베리 대학교
업적 원자핵에 대한 이해
사망 1937년, 영국 케임

Nuclear Science
핵 과학

원자 내부에 저장된 에너지는 아주 조금만 방출되더라도 어마어마한 결과를 가져올 수 있어요. 핵에너지는 제2차 세계 대전 당시에도 치명적인 무기로 사용되어 씻을 수 없는 상처를 인류에게 남겼어요.

자연적으로 붕괴되어 에너지와 방사선을 방출하는 화학 원소를 발견한 이래, 이에 대한 연구는 20세기를 통해 가장 중요한 과학 연구 분야로 떠올랐어요. 그전에는 원자가 물질을 구성하는 기본 입자이기 때문에 더 이상 쪼개지거나 바뀔 수 없다고 생각했어요. 그러나 20세기 들어와서는 적당한 조건만 주어진다면 다른 물질로 바뀔 수 있는 원자들이 존재한다는 것이 밝혀졌어요.

1934년, 이탈리아 물리학자 엔리코 페르미는 중성자가 여러 다른 형태의 원자로 쪼개질 수 있다는 것을 알아냈어요. 그러나 그가 얻은 모든 원소들의 질량을 더했는 데도 원래 물질보다 가볍다는 사실에 무척 당황했어요. 1938년, 독일의 과학자 오토 한과 프리츠 슈트라스만도 비슷한 결과를 내놓았어요. 얼마 뒤 아인슈타인이 $E=mc^2$이라는 유명한 공식으로 그 해답을 찾았어요. 이 공식은 에너지가 나오면 질량이 줄어들 수 있다는 것을 증명해 주었어요.

아인슈타인과 여러 과학자들은 제2차 세계 대전 중에 비밀스럽고 특

관습과 통념을
뒤 흔 든

별한 프로젝트를 위해 미국에서 만났어요. 닐스 보어도 미국에 도착해 한 원자가 다른 것으로 쪼개지고 또 쪼개지는 연쇄 반응을 일으킬 수 있는지에 대한 토론에 참여했어요. 1942년 12월 2일 아침, 페르미가 이 끌던 이 과학자 집단은 시카고 대학의 테니스 코트 지하에 모였어요. 그들은 500톤이나 되는 탄소와 카드뮴 막대를 이용하여 핵 반응로를 만들었어요. 카드뮴은 중성자를 흡수하기 위해 사용되었어요. 카드뮴 막대를 넣거나 빼는 방법으로 온도를 조절하고 핵 연쇄 반응을 살폈어요. 오후 3시 25분에 카드뮴 막대를 모두 빼자 우라늄 더미의 온도가 올라가며 중성자가 방출되었어요. 마침내 세상은 핵 과학의 시대로 들어서게 된 것이지요.

불행히도 이 기술은 전쟁에서 처음으로 사용되었어요. 1945년, 일본의 히로시마와 나가사키에 원자폭탄이 떨어졌어요. 엄청난 파괴력에 놀란 과학자들은 평화적으로 핵이 이용되어야 한다고 목소리를 높였어요. 1951년 12월 20일에는 미국 아이다호에서 핵을 이용한 최초의 원자력 발전소가 전기를 생산하기 시작했어요.

전기를 생산하는 데 과연 원자력을 이용해야 하는지에 대한 논쟁은 여전히 계속되고 있어요. 원자력은 온실가스인 이산화탄소를 만들지 않고, 기후 변화를 일으키는 다른 기체도 남기지 않지만 수천 년 동안 방사능을 방출하는 폐기물을 만들어 내는 문제가 있기 때문이지요. 2011년 후쿠시마 원전 사고 이후 전 세계에서 원자력 발전소의 지속 여부에 대해 토론이 벌어지고 있답니다.

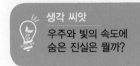
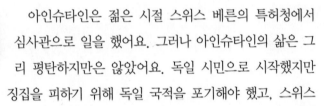

상대성 이론을 정립하다 알베르트 아인슈타인

> 독일의 유대인 가정에서 태어난 아인슈타인의 어린 시절은 그다지 특별한
> 게 없었어요. 다만 다른 아이들과 어울리기보다는 혼자서 바이올린 켜기를
> 좋아했고, 수학을 좋아했지만 학교 수업은 싫어했어요. 1901년, 아인슈타인
> 이 스위스 베른의 특허국의 심사관으로 임시 직장을 얻었을 때만 해도 아
> 무도 아인슈타인이 그렇게 유명한 과학자가 되리라고는 생각하지 못했어요

아인슈타인은 젊은 시절 스위스 베른의 특허청에서 심사관으로 일을 했어요. 그러나 아인슈타인의 삶은 그리 평탄하지만은 않았어요. 독일 시민으로 시작했지만 징집을 피하기 위해 독일 국적을 포기해야 했고, 스위스 시민이 되기 전까지는 국적도 없었어요. 뒷날 독일 시민권을 다시 주장했지만 나치스는 아인슈타인이 유대인이라는 이유로 거절했어요. 결국 아인슈타인은 미국으로 건너가 미국 시민이 되었지요.

과학사에 있어서 1905년은 기적의 해라고 할 만해요. 특허청에서 일을 하면서도 밤늦게까지 연구와 실험을 하던 아인슈타인은 독일의 물리학 학술지에 네 편의 논문을 제출했어요. 브라운 운동과 광전 효과, 특수 상대성 원리 등 논문 하나하나가 모두 노벨상 감이었지요. 이 가운데 광전 효과에 대한 논문으로 노벨 위원회는 1921년 아인슈타인에게 노벨 물리학상을 수여했어요.

아인슈타인의 특수 상대성 이론은 이제까지의 시간과 공간에 대한 생각을 바꿔 놓았어요. 일찍이 뉴턴은 시간과 거리, 질량은 변하지 않는 개념이라고 했지만 아인슈타인은 이 모두가 속도에 따라 변할 수 있다고 설명했어요. 달리는 차 속에 앉아 있다면 창문 밖 풍경이나 건물이 움직이는 것처럼 느껴질 거예요. 바로 이것이 '상대성'이에요. 특수 상대성 이론은 시간과 거리, 질량, 그리고 에너지를 통합한 전자기 이론으로 구성되어 있었어요. 빛의 속도가 일정할 때 관찰자의 운동에 따라 모든 물체의 운동은 상대적이라는 이론이지요. 아주 단순하지만 대단히 놀라운 설명이었어요.

1915년, 아인슈타인은 '일반 상대성 이론'으로 생각을 더 발전시켰어요. 일반 상대성 이론은 모든 가속계에서도 같은 물리 법칙이 성립한다는 원리와 중력 질량과 관성 질량이 동등하다는 등가 원리를 바탕으로 하고 있어요. 즉, 관찰자에 따라 다르다는 특수 상대성 이론과는 달리 모든 관찰자가 다른 속도에서 움직이고 있다고 할지라도 동일하다는 것을 보여 주는 것이지요. 여기에서는 우주 공간이 물체의 중력에 의해 구부러져 있거나 휘어진다는 것을 전제로 해요. 이런 굴절 공간 때문에 상대적으로 중력이 작은 물체는 중력이 더 큰 물체 쪽으로 끌어당겨지는 것이지요. 빛도 마찬가지예요.

뉴턴의 만유인력의 법칙이 나온 지 250년 만에 중력에 관해 더 명확한 이론이 탄생한 셈이지요. 아인슈타인의 이론은 20세기를 통틀어 물리학의 가장 위대한 기초가 되었어요.

Albert Einstein
출생 1879년, 뷔르템베르크 울름
교육 취리히 대학교
업적 특수 상대성 이론과 일반 상대성 이론 발표
사망 1955년, 미국 프린스턴

$$E = mc^2$$

{ 사람들에게 알고 있는 과학 공식을 하나만 써 보라고 하면 많은 사람들이 아인슈타인의 E=mc²이라는 공식을 써 낼 거예요. 물론 우리 친구들은 아직 배우기 전이라 이보다 쉬운 공식을 써 낼 수도 있지요. 아인슈타인의 과학 공식은 단순한 과학 공식이 아니에요. 여기에는 아주 놀라운 개념이 담겨 있답니다. }

아인슈타인의 위대한 통찰은 '물질과 에너지가 정말 다른 것인가' 하는 질문에서 시작되었어요. 결론을 말하자면 물질은 에너지로 바뀔 수 있고 에너지는 물질로 바뀔 수 있어요. E=mc²라는 공식은 빛의 성질을 이해하기 위한 연구에서 시작되었어요. 당연한 이야기지만 정지하고 있는 빛은 없어요. 또한 빛은 매우 빠른 속도로 이동하는데 이 속도를 아는 것은 우주 연구에서 매우 중요하답니다. 아인슈타인은 빛의 속도보다 더 빠르게 움직이는 것은 없다고 주장했고, 우주와 빛의 속도에 숨은 뜻을 알기 위해 노력했어요.

20세기 들어 물리학자들은 물체의 운동 에너지가 질량 m에 속도 c의 제곱을 곱해 계산될 수 있다는 설명에 만족했어요. 즉, 움직이는 물체의 속도를 두 배로 하기 위해서는 네 배의 에너지가 필요하다는 주장은 그대로 받아들여졌어요.

아인슈타인이 이 에너지 보존 법칙을 빛의 속도로 움직이는 물체에 적용하고 그 물체가 갖고 있는 에너지에 대해 생각한 것은 매우 자연스러운

관습과 통념을
뒤 흔 든

일이었어요. 아인슈타인은 물체의 속도가 광속에 접근하면 물체의 에너지는 점점 커지고, 물체의 속도가 광속이 되는 경우 물체의 에너지는 무한대가 된다고 생각했어요.

아인슈타인의 번뜩이는 천재성은 여기에서 두 가지 사실을 감지했어요. 먼저 물체를 빛의 속도로 가속하면 확연히 무거워질 수 있다는 것이고, 두 번째는 본질적으로 그 질량에 해당하는 에너지가 방출될 것이라는 점이에요. 아인슈타인은 이 결론을 식으로 정리해 발표했어요. 이를 바탕으로 물리학자들은 작은 양성자를 빛의 속도의 99.9997퍼센트로 가속할 수 있는 거대 입자 가속기를 만들었어요. 가속 과정에는 엄청난 에너지 공급이 필요했지만 결국 양성자는 450배 이상으로 증가했지요.

원자폭탄은 두 번째 개념을 입증했어요. 물리학자들은 원자가 자연 붕괴되는 우라늄 같은 방사성 물질이 두 개의 새로운 원소를 만들어내는 것을 확인했어요. 그러나 생성된 두 원소의 질량은 원래 우라늄 원자의 질량보다 작았어요. 그 까닭은 방출된 열에너지 때문이에요.

제2차 세계 대전이 맹렬해지자 아인슈타인의 에너지 보존 법칙을 바탕으로 한 핵에너지를 무기로 사용하려는 시도가 이루어졌어요. 조절할 수만 있다면 계속적인 연쇄 반응을 일으켜 에너지를 얻을 수 있지만 통제되지 않으면 엄청난 파괴력을 가진 원자 폭발을 일으킬 것이라고 여겼지요. 위험하지만 유용한 핵에너지를 이용하기 위해 한편에서는 원자력 발전소 건설이 이어졌어요.

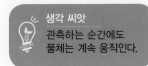

생각 씨앗
관측하는 순간에도
물체는 계속 움직인다.

양자 이론의 비밀을 풀다

베르너 하이젠베르크

뉴턴은 힘과 물체의 운동에 대해 예측 가능성을 제시했어요. 아인슈타인도 힘과 운동을 연구하며 충분히 측정할 수만 있다면 물체의 운동을 예측할 수 있다고 결론을 내렸지요. 그러나 베르너 하이젠베르크는 양자 역학을 통해 예측할 수 없는 불확실한 세계로 물리학의 새로운 장을 펼쳤어요.

 베르너 하이젠베르크는 1901년 독일의 뷔르츠부르크에서 태어났어요. 1920년대 독일은 물리학자들에게 무척 흥미진진한 곳이었어요. 20대 초반의 하이젠베르크는 알베르트 아인슈타인, 닐스 보어, 라이너스 볼프강 파울리, 막스 보른 등 세계적으로 유명한 물리학자들과 만나 토론하고 교류하면서 원자에 대한 연구를 했어요.

1900년, 독일의 물리학자 막스 플랑크는 빛 에너지가 불연속적인 입자, 양자의 형태로 전파된다는 양자 가설을 처음 제시했어요. 아인슈타인은 1905년에 이 가설을 발전시켜 광양자설을 내놓기도 했지요. 보어는 실제로 수소 원자로 플랑크의 가설을 증명하는 빛 스펙트럼을 얻어 냈고, 이후 슈뢰딩거의 파동 역학과 하이젠베르크의 행렬 역학으로 양자 역학이 정립되었지요.

'양자 역학'에 대해서는 논쟁이 뜨거웠어요. 이 논쟁에 끌린 하이젠

관습과 통념을
뒤 흔 든

베르크는 물리학자인 닐스 보어 팀에 합류하기 위해 코펜하겐으로 향했어요. 여기서 에어빈 슈뢰딩거와 많은 시간을 보내며 원자의 성질을 연구했어요. 하이젠베르크는 얼마 뒤 입자의 위치가 정확한 경우 운동량은 정확히 측정할 수 없다는 것을 알아냈어요. 반대로 입자의 운동량이 정확히 측정되면 그 위치를 측정할 수 없었지요. 하이젠베르크는 이를 바탕으로 '불확정성의 원리'를 발표했어요. 그의 주장대로라면 관측을 하는 그 순간에도 물체는 운동을 계속하고 있기에 우리가 관측한 값은 이미 불확정한 값이 된다는 거예요. 이를 설명하기 위해 하이젠베르크는 행렬이라는 수학 이론을 이용했어요. 그리고 1927년 이 이론에 대해 열네 장의 편지를 써서 볼프강 파울리에게 보내고, 이어서 세상에도 발표했어요. 원자 모형에 대한 연구가 계속되는 가운데, 하이젠베르크는 원자가 빛을 방출하거나 흡수하는 과정에 주목하여 전자의 분포를 확률적인 의미의 전자구름으로 표현했어요. 이것은 마치 '신의 조화를 어깨 너머로 엿보는 것' 같은 영감에서 비롯된 새로운 아이디어였어요.

Werner Heisenberg

출생 1901년, 독일 뷔르츠부르크
교육 뮌헨 대학교
업적 양자론 연구
사망 1976년, 독일 뮌헨

슈뢰딩거의 실험이 하이젠베르크의 불확정성의 원리를 설명하고 있다. 밀폐된 상자 안에 고양이, 독이 든 통, 방사성 물질이 들어 있다. 독이 든 통은 방사성 물질에서 하나의 원자가 붕괴되면 열릴 것이다. 그런데 언제 붕괴가 일어날지 아무도 예측할 수 없기 때문에 고양이가 살았는지 죽었는지 알 방법이 없다. 그래서 상자가 닫혀 있는 동안 고양이는 죽음과 삶 사이의 '이중적 상태'에 놓여 있게 된다.

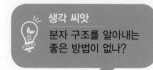

분자 구조를 관찰하다 도로시 크로풋 호지킨

> 분자의 형태는 그 물질의 성질과 기능에 영향을 미쳐요. 어떻게 분자가 배열
> 되어 있는지를 알아내고 분자의 전체적인 형태를 파악하는 것은 화학과 생
> 물학 분야에서 오랫동안 중요한 연구 과제 중 하나였어요. 호지킨은 엑스선
> 을 이용해 분자 구조를 들여다본 영국의 물리학자였어요.

19세기 후반, 화학자들은 탄소 화합물의 형태를 알아
내기 시작했어요. 어떻게 분자들이 결합하고 어떤 형태
를 이루는지 설명하려고 노력하였지요. 20세기를 여는
첫해에 과학자들은 엑스선을 이용해 결정의 구조를 볼 수
있다는 것을 알았어요. 감광지를 놓고 결정에 엑스선을 쪼이면 일정
한 패턴이 나타났어요. '엑스선 결정학'이라는 분야가 과학계 전면에
떠오른 것이지요. 결정학이란 결정의 특징이나 구조, 그리고 이에 따
른 물질의 성질에 관해 연구하는 학문이에요.

화합물은 매우 복잡한 분자 결합으로 이루어져 있고, 분자는 각각
정확하게 제 위치를 차지하는 수많은 원자들로 이루어져 있어요. 그
런데 엑스선이 결정을 비추면 각 원자를 돌고 있는 전자가 광선을 휘
어지게 해요. 결정 안에는 반복되는 패턴으로 배열된 많은 원자가 있
고, 엑스선은 빛과 어두운 조각을 연속적으로 보여 줌으로써 각 조각

들의 명암 강도와 상대적인 위치를 측정해요. 그리하여 결정 안에서의 원자의 상대적 위치에 관한 증거를 얻을 수 있지요.

호지킨은 이집트의 카이로에서 태어났어요. 옥스퍼드 대학에서 공부하고 케임브리지 대학교로 옮겨서는 엑스선을 이용해 여러 가지 스테롤 화합물을 분석했어요. 호지킨의 첫 번째 성과는 펩신이라는 소화 효소의 구조를 분석한 거예요. 이를 시작으로 엑스선 회절을 이용해 분자 구조를 알아내는 방법을 개발한 호지킨은 1933년에 옥스퍼드로 다시 옮겨서 혈당을 일정하게 유지시키는 인슐린이라는 호르몬을 연구했어요.

1934년 10월, 작은 인슐린 결정을 얻었으나 양이 적어 분석이 불가능했어요. 이후 좀 더 큰 결정을 배양하고 그 구조를 엑스선 사진으로 찍어 발표하기까지는 꼬박 34년이라는 시간이 걸렸어요. 인슐린 연구를 하면서 호지킨은 알렉산더 플레밍이 발견한 페니실린의 구조도 밝히고 싶었어요. 페니실린의 구조를 밝히면 대량 생산이 가능하여 많은 생명을 구할 수 있다고 여겼거든요. 쉬운 연구는 아니었어요. 그러나 제2차 세계 대전이 끝날 무렵 페니실린의 구조가 결국 밝혀졌어요. 이로써 인류는 항생제가 인체에 어떤 작용을 하는지에 대해 중요한 실마리를 얻었지요. 호지킨은 분자의 구조를 들여다볼 수 있게 했어요. 분자 구조를 알아낸다는 것은 화학적 합성을 가능하게 해 보다 광범위하게 사용할 수 있게 되었다는 뜻이지요. 생화학과 약학 분야에서도 이를 활발히 응용하고 있어요.

Dorothy
Crowfoot Hodgkin

출생 1910년,
이집트 카이로
교육 옥스퍼드 대학교
업적 엑스선 결정학의 선구자
사망 1994년, 영국

6장

수학

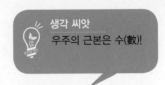
생각 씨앗
우주의 근본은 수(數)!

**수와 기하의
비밀을 밝히다**

피타고라스

수학자로서 가장 유명한 사람을 꼽으라면 피타고라스를 빼놓을 수 없어요.
그러나 피타고라스는 책을 남기지 않기 때문에 그 위대한 업적이 제대로
전해지지 못했다는 아쉬움이 있지요. 전기에 의하면 피타고라스는 그리스 사
모스 섬에서 태어나 어린 시절 아버지와 여러 지역을 여행했다고 해요. 또 호
머의 시를 자주 암송하고 당대의 사상가들과 어울렸다고 하지요.

π 　30대 중반에 피타고라스는 사모스를 통치하던 군주
인 폴리크라테스를 따라 이집트를 방문했어요. 고대 이
집트는 홍수 때마다 범람하는 나일 강 때문에 토지가 엉
망이 되곤 했는데, 토지 정리를 위해 길이와 넓이를 잴 때
는 기하학을 사용하고 있었고 피타고라스는 이들의 지혜에 많은 영감
을 얻었다고 해요.

기원전 500년경 피타고라스는 이탈리아 남부에 평등과 비폭력,
채식을 원칙으로 하는 공동체를 세우고 수학과 종교에 대한 연구
를 펼쳤어요. 이 공동체의 정회원들을 '배우는 자'라는 뜻의 '마테마
티코이(mathematikoi)'라 불렀는데, 오늘날 '수학'이란 뜻의 '매스매틱스
(Mathematics)'가 여기에서 유래했어요. 피타고라스는 수학의 원리와 수
의 개념에 대해 열정적으로 가르쳤어요. 그는 "양 두 마리에 두 마리
를 더하면 네 마리다"고 하면 단지 양의 수를 세는 것에 불과하지만 "2

관습과 **통념**을
뒤 흔 든

+2=4"라고 나타내면 보편적인 원리를 표현할 수 있다고 주장했어요. 숫자 2나 4는 물질의 크기나 양, 정도를 나타낼 수 있는 추상적인 개념이니까요. 이런 발견을 통해 피타고라스는 우주의 근본은 '수'라는 결론에 이르렀어요. 물리적 세계를 이해하기 위한 방법으로 수학의 중요성을 일찍이 간파했던 것이지요. 피타고라스는 숫자마다 제각각 특성을 갖고 있다고 생각했어요. "어떤 수는 남성적이거나 여성적이고 또 완전하거나 불완전하며, 아름답거나 추하다. 4는 평등을 상징하고, 7은 마법의 수야. 또 10은 최상의 수야."

피타고라스의 위대한 업적은 '피타고라스의 정리'예요. 직각삼각형의 세 변에 각각 정사각형을 만들면 가장 긴 선에 있는 사각형의 면적은 나머지 두 사각형의 면적을 더한 것과 같아요. 이것은 간단하지만 삼각형에 관한 가장 중요한 이론이에요. 오늘날 디자인과 건축 등에서도 피타고라스의 정리가 유용하게 쓰이고 있지요.

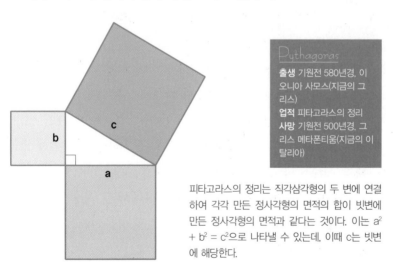

Pythagoras
출생 기원전 580년경, 이오니아 사모스(지금의 그리스)
업적 피타고라스의 정리
사망 기원전 500년경, 그리스 메타폰티움(지금의 이탈리아)

피타고라스의 정리는 직각삼각형의 두 변에 연결하여 각각 만든 정사각형의 면적의 합이 빗변에 만든 정사각형의 면적과 같다는 것이다. 이는 $a^2 + b^2 = c^2$으로 나타낼 수 있는데, 이때 c는 빗변에 해당한다.

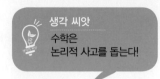

유클리드

> 유클리드에 대해서는 거의 알려져 있지 않아요. 한 인간으로서의 삶, 그리고 유클리드가 했던 연구는 대부분 추측에 의존할 수밖에 없답니다. 유클리드가 쓴 「원론」이라는 논문은 2000년이 넘도록 인정받는 기하학 교과서라고 할 수 있어요. 기하학은 점, 선, 곡선, 면에 관한 순수 수학이에요.

π 유클리드는 기원전 300년경 알렉산드리아에서 활동한 그리스 수학자예요. 그리스 식 이름은 에우클레이데스이지요. 알렉산드리아는 이집트 나일 강 서쪽에 위치한 지역으로 오랫동안 큰 분쟁 없이 평화로웠기 때문에 학자들이 하나 둘 모여들었어요.

유클리드에 관련된 흥미로운 일화가 전해져 내려오고 있어요. 어느 날 유클리드에게 기하학을 배우던 학생이 "스승님, 이런 것을 배워서 무엇을 얻을 수 있습니까?"라고 물었어요. 그러자 유클리드가 하인에게 말하기를, "이 학생에게 동전 한 닢을 주어라. 이 학생은 자기가 배운 것에서 꼭 무엇을 얻어야 하는 것 같구나."

유클리드는 수학의 가치는 사고력 향상에 있고, 정신 수양에 도움이 된다고 믿었어요. 수학을 통해 논리적으로 생각할 수 있고, 추상적인 개념을 이해함으로써 사고력이 훈련된다고 생각한 것이지요.

관습과 통념을
뒤 흔 든

「원론」은 유클리드가 새롭게 발견한 것이 아니고 학교에서 가르치기 위해 사용하던 교과서에 나온 내용들을 인용한 것으로 추측돼요. 여기에서 유클리드는 특별히 직사각형, 마름모 같은 도형의 기하학적 형태를 정의하는 데 많은 부분을 할애했어요. 이 중 오랫동안 수학계에서 수없이 거론된 것은 유클리드의 '5공준'이지요.

수학자들은 미리 정해진 약속을 '정의'라고 하고, 옳고 그름이 밝혀진 문장을 '명제'라고 해요. 또 명백한 명제들 중 일반적인 것을 '공리', 기하학과 관련된 것을 '공준'이라고 부르지요. 유클리드의 처음 세 가지 공준은 선의 형태에 대한 것으로 지금까지도 명확하다고 알려져 있어요. 명확성은 수학의 생명이에요. 네 번째, 다섯 번째 공준은 3차원 공간에 대한 가정에서 출발해요.

1. 임의의 두 점을 연결해 직선을 그릴 수 있다.
2. 직선은 무한히 늘릴 수 있다.
3. 임의의 직선에서 그 길이를 반지름으로 하고 한 점을 중심으로 하는 원을 그릴 수 있다.
4. 모든 직각은 같다.
5. 직선 위에 있지 않은 한 점을 지나 주어진 직선과 평행한 직선은 오직 하나이다.

유클리드의 이론은 '유클리드 기하'라고 불리며 순수 수학의 기본이 되었어요. 또한 자연계의 구조를 더 깊이 이해하고 디자인과 건축 분야에서 새로운 실험을 가능하게 했지요.

Euclid(Eucleides)
출생 기원전 325년경
교육 알렉산드리아
업적 수학 지식 집대성
사망 기원전 265년경, 이집트 알렉산드리아

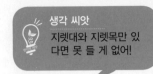

유레카 유레카 아르키메데스

아르키메데스는 새로운 지식을 탐구하는 것을 즐거워했을 뿐만 아니라 일
상생활에서 만나는 많은 문제를 수학을 통해 해결하려고 했어요. 아르키메
데스가 만든 물을 옮기는 도구나 역기 같은 발명품들은 오늘날에도 널리 사
용되고 있어요. 아르키메데스의 수학적 아이디어들은 두말할 것도 없고요.

π 아르키메데스는 고대 그리스의 수학자이자 물리학자,
발명가예요. 로마가 아르키메데스가 살고 있는 시칠리아
섬을 포위하자 아르키메데스는 거울로 태양빛을 모아 나
무로 된 적선을 공격했어요. 뜨거운 여름날 오후라 나무
에 불꽃이 일더니 일순간에 불길이 번졌어요. 불길을 피해 도망친 배
들도 멀리 가지는 못했어요. 아르키메데스가 만든 지레 장치로 인해
배가 휙 뒤집히고 말았거든요. 아르키메데스는 시라쿠사 왕 히에론
앞에서 "긴 지렛대와 지렛목만 있으면 지구라도 움직여 보일 수 있습
니다" 하고 큰 소리를 쳤다고 해요. 아르키메데스가 처음 발명한 것
은 논이나 밭에 물을 끌어다 댈 수 있는 양수기였어요. 아르키메데스
는 나선 모양의 펌프 장치를 이용하여 물이나 곡물을 손쉽게 옮기는
것을 보여 주었어요.

아르키메데스는 수학과 과학에도 뛰어났어요. 최초로 원의 넓이를

구하기도 했어요. 원을 수없이 쪼개 직사각형 모양으로 펼쳐서 면적을
구하는 방법을 생각한 것이지요. 목욕을 하다가 부력의 원리를 발견
한 이야기도 재미있어요. 부력은 물 위쪽으로 작용하는 힘인데, 물에
잠긴 물체의 부피만큼의 물의 무게와 같아요. 배를 만드는 데 가장 중
요한 원리이지요. 아르키메데스는 이 원리를 발견하고 '유레카(알아냈
다)! 유레카(알아냈다)!' 하고 외치며 목욕탕을 뛰쳐나왔다고 해요. 이
원리의 이름은 '아르키메데스의 원리'예요.

아르키메데스는 기원전 212년 로마 군대가 시라쿠스를 점령했을
때 로마 병사에 의해 목숨을 잃었어요. 이날 아르키메데스는 모래 바

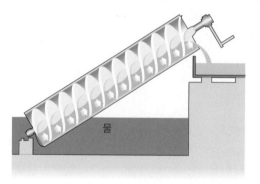

물

실린더 안에 간단한 나선 형
태의 관이 있는 아르키메데스
의 나선 펌프는 지금도 경작
을 위해 곳곳에서 사용되고
있다. 낮은 곳에 있는 물을 펌
프를 이용해 높은 곳으로 끌
어올리는 원리이다.

닥에 도형을 그리고 있었는데 로마 병사가 다가오자 "내 도형이 망가
지니 썩 물러서라!" 하고 야단을 쳤대요. 그러
자 화가 난 로마 병사가 칼로 내려쳤어요. 아르
키메데스는 사람들이 사용하는 지렛대와 도르
래의 원리를 수학적으로 이해한 최초의 학자였
고, 원주율의 값을 최초로 계산한 수학자예요.

Archimedes
출생 기원전 290년경.
시칠리아 섬 시라쿠스
교육 이집트 알렉산드리아
업적 부력의 원리 발견
사망 기원전 212년경. 시칠
리아 섬 시라쿠스

Pi
파이(π)

말랑말랑하고 촉촉한 빵이 아니에요. 파이(π)는 불가사의한 숫자랍니다. 바로 원의 둘레와 지름의 비율 값을 나타내는 기호랍니다. π는 정확하게 떨어지는 수는 아니지만, 수학에서는 원이나 구가 포함된 공식을 이해하기 위해 사용해요. 수학뿐만 아니라 공학이나 건축학과 같은 응용과학에도 널리 쓰이고 있어요.

파이(π)는 원의 둘레, 그리고 원의 지름과 관련이 있어요. 파이의 값을 알아냄으로써 사람들은 보다 간단히 원의 둘레와 면적을 계산할 수 있게 되었어요. 원의 지름만 알면 원의 둘레를 계산할 수 있고, 반대로 원의 둘레만 알면 원의 지름을 알 수 있어요. π를 이용해 원의 면적을 구할 수도 있지요. 더 나아가 구의 지름을 알면 π를 이용해 구의 부피도 계산할 수 있어요.

원의 둘레(C) = 파이(π) × 지름(d)
원의 면적 = 파이(π) × (지름/2)^2
구의 부피 = 4/3π × (지름/2)^3

원둘레와 지름의 비인 '원주율'에 대한 연구는 기원전 2000년경 바빌로니아로 거슬러 올라가야 해요. 고대에 종이 대신 사용한 파피루스에 π를 이용한 계산이 기록된 것이 1858년 이집트에서 발견되었어요.

관습과 통념을
뒤 흔 든

그러나 원주율을 계산하고 처음으로 π라는 수를 제시한 사람은 아르키메데스예요. 아르키메데스는 π가 223/71(약 3.1408)보다 크지만 22/7(약 3.1428)보다 작은 수라는 것을 알아냈어요. 원 안쪽으로 꼭짓점이 붙는 다각형과 바깥으로 각 면이 만나는 다각형을 그려 π값을 계산했답니다.

우리 친구들도 간단히 원의 안과 바깥으로 붙는 두 개의 정사각형을 그려 원의 지름을 구해 보세요. 큰 사각형의 한 변의 길이와, 작은 사각형의 대각선의 길이는 원의 지름과 같아요.

아르키메데스는 여기서 더 나아가 원의 지름과 그 둘레의 길이의 비율을 계산해 보았어요. 변의 수가 많은 다각형을 사용하자 다각형 둘레의 길이는 원 둘레와 점점 가까워지고 π값을 찾게 되었지요.

원주율은 일상에서 널리 사용되지만 그 자체로도 꽤 흥미로운 일들을 만들어 냈어요. 16세기에 머신은 π값을 소수점 100의 자리까지 계산했고 폰 베가는 140자리까지 계산했어요. 최근에는 컴퓨터가 2061억 5843만 자리까지 추적했지요. 이렇게까지 계산했지만 여전히 정확한 수는 아무도 알지 못하는 게 π예요.

π값을 살펴보면 일정한 패턴도 없고 반복되는 숫자들도 없어서 수학자들은 이를 기억하기 위한 다양한 게임을 해요. 어떤 사람들은 이 긴 숫자의 배열을 어느 정도까지 기억해 말할 수 있는지 겨루기도 해요. 1989년 일본 수학자 지로유키 고토는 10시간 50분 동안 π의 소수점 42,195자리까지 암기했고, 이것이 세계 신기록으로 남아 있어요.

**천체의 운동을
예견하다** 히파티아

{ 기록이 없어서 히파티아가 태어난 해는 확실하지 않지만 사람들은 대략 370
년 무렵일 것이라고 추측해요. 히파티아는 고대 이집트의 철학자예요. 히파
티아가 태어난 알렉산드리아는 당시 로마 제국에 속해 있었고, 여러 종교
가 대립하고 있었지만 학문의 중심지이기도 해서 곳곳에서 학자들이 몰려
들었지요. }

π 알렉산드리아 도서관에서 수학과 철학을 가르치던
히파티아의 아버지 테온은 딸의 교육에도 매우 열성적이
서 운동과 글쓰기뿐만 아니라 철학과 예술, 수학까지 가
르쳤다고 해요. 학문을 중시한 도시 환경과 아버지의 교육
덕분에 영리한 히파티아는 훌륭한 학자로 성장할 수 있었어요.

10세기경의 백과사전이라고 할 수 있는 '수다(Suda)'라는 고대 문서
에 따르면 히파티아는 수학책에 해설을 써 넣는 작업을 했대요. 히파
티아의 연구는 원뿔에서 빛이 났어요. 원뿔의 단면을 자르고 연장하
여 쌍곡선이나 포물선, 타원과 같은 도형을 만들었지요. 당시 대부분
의 철학자처럼 히파티아는 하늘을 보며 천동설을 주장한 프톨레마이
오스의 책을 연구했어요. 또 '아스트롤라베'와 같은 천체 관측 기구들
을 개발하는 데 많은 시간을 보냈답니다. 이 장치들은 주어진 시간과
공간에서 하늘이 어떻게 보이는지 알려 주었어요. 특히 아스트롤라

관습과 통념을
뒤 흔 든

베는 별의 위치를 확인하여 관측 지점을 측정
할 수 있는 간단하면서도 놀라운 기계였어요.
그 무렵 로마 제국에서는 철학이 영혼의 구원
을 다루는 종교의 영역까지 관심을 보였기 때
문에 큰 갈등이 있었어요. 그 중심에 히파티아

가 있었고, 그녀는 종교 지도자들에게 눈엣가시가 될 수밖에 없었어
요. 결국 히파티아는 이단으로 낙인찍혀 흥분한 폭도들에게 무참히
살해되고 말았어요.

　히파티아가 죽은 뒤 많은 학자들은 알렉산드리아를 떠났어요. 알
렉산드리아는 더 이상 학문을 사랑하는 도시가 아니었어요. 도서관
은 파괴되었고, 많은 책들이 재로 사라졌어요. 비록 안타까운 죽음을
맞았지만 히파티아는 정치적, 사회적으로 여성이 소외되던 시대에 어
떤 남성들보다 훌륭한 학자였으며, 아는 것을 몸소 실천하려고 애쓴
지식인이었어요.

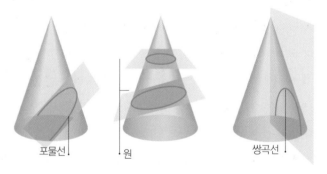

포물선　　　　　원　　　　　　쌍곡선

히파티아는 원뿔을 잘라 모든 일반적인 곡선을 만들 수 있다는 것을 보여 주었다.

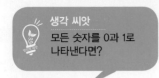

생각 씨앗
모든 숫자를 0과 1로
나타낸다면?

논리의 힘을
이용하다

조지 불

{
독학으로 혼자 공부한 영국의 조지 불은 주로 철학에서 사용하던 논리 개념
을 수학 분야에 적용한 뛰어난 수학자예요. 조지 불의 가장 뛰어난 업적은 바
로 현대 수학에도 포함되는 '불 대수'를 만들었다는 거예요. 불 대수는 인터넷
검색 엔진에서 사용되는 전기 회로 시스템의 기본이 되었답니다.
}

$$\pi$$

1815년, 영국 링컨에서 태어난 조지 불은 빈민 자녀
들을 위한 학교에서 초등 교육을 받았을 뿐 다른 교육은
받지 못했어요. 하지만 열 살이 되자 스스로 수학을 공부
하기 시작했고, 그리스어와 라틴어를 독학으로 익혔어요.
불은 타고난 재능에 의존하기보다 성실히 노력하는 사람이었어요. 열
여섯 살에 초등학교 교사가 되었답니다.

교사 생활을 하면서 불은 수학에 큰 관심을 가졌어요. 학생들에
게 수학을 직접 가르쳐야 했기 때문에 수학을 공부해야 했는데, 나중
에는 푹 빠져서 헤어나올 줄을 몰랐지요. 몇 편의 논문을 발표하기도
했고, 드 모르간이라는 유명한 수학자와도 친구가 되었어요. 제대로
교육을 받지 못해 플라톤이나 소크라테스 같은 철학자들의 논리학을
알지는 못했지만, 그 덕분에 보다 자유로운 사고를 펼칠 수 있었지요.
어느 날 골똘히 생각에 잠겨 있던 불은 숫자를 단지 0과 1로 표현한 '

관습과 통념을
뒤 흔 든

'그리고'는 기름, 물, 오염 세 가지 모두 해당되는 부분이고, '또는'은 기름, 물, 오염 어느 한 가지 이상에 대한 부분이고, '아니고'는 첫 번째 개념이면서 두 번째 개념을 제외해야 하므로 기름이면서 오염이 아닌 부분이다.

불 대수'라는 대수학을 생각해 냈어요. 불 대수의 논리는 매우 간단해요. 불은 사람들의 사고 과정을 각각의 작은 단계로 나누었어요. 각 단계에서는 해당된 명제가 참인지 거짓인지만 결정해요. 만약 참이면 1에 해당되고, 거짓이면 0이 되는 식이지요. 또한 '그리고', '또는', '아니고'라는 세 개의 연산자를 사용해 보다 논리적 결과를 이끌어 냈어요. 불은 1847년 『논리의 수학적 분석』이라는 책을 펴냈어요. 이 책은 논리를 다루는 데 철학보다 수학이 훨씬 더 강력한 도구가 될 수 있다고 주장했어요. 이후 생각을 더욱 발전시켜 1854년 『사고의 법칙에 대한 연구』라는 놀라운 책을 펴냈어요.

불은 비를 흠뻑 맞은 탓에 폐렴에 걸려 쉰 살에 안타깝게도 세상을 떠나고 말았어요. 그러나 불이 만든 수학 논리는 오늘날 광범위한 곳에서 사용되고 있어요. 대표적으로 컴퓨터 언어가 불의 수학적 논리에 기초하고 있지요.

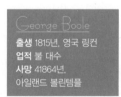

George Boole
출생 1815년, 영국 링컨
업적 불 대수
사망 41864년,
아일랜드 볼린템플

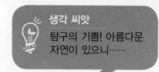
생각 씨앗
탐구의 기쁨! 아름다운
자연이 있으니……

**혼돈 이론을
밝히다**

쥘 앙리 푸앵카레

{ 푸앵카레는 프랑스 파리에서 광산 기술과 수학, 물리학을 공부했고, 그 뒤
대학에서 수학과 물리학을 가르쳤어요. 푸앵카레는 일평생 실험 역학, 확률
론, 분석학, 대수, 위상 기하학, 천체 역학과 천문학 등 다양한 분야를 연구
했어요. }

π 1854년 프랑스의 명문가에서 태어난 푸앵카레는 어린
시절 몸이 허약한 아이였어요. 그러나 혼자 생각에 잠기
는 것을 좋아했고 세밀한 것까지 생각해 내는 놀라운 기
억력을 갖고 있었지요. 푸앵카레는 한 가지 생각에 몰입하
는 것을 좋아했지만 한 분야에만 갇혀 있지는 않았어요. 광학, 열역
학, 양자론, 상대성 이론, 우주 진화론까지 끊임없이 생각하고 또 생
각했지요. 푸앵카레는 뉴턴의 단순한 역학 이론을 뒤집는 물질에 대
한 새로운 이해를 제시하고 함수의 성질을 연구하는 새로운 방식을
생각해 내기도 했어요. 그러던 어느 날 스웨덴 국왕 오스카 2세가 여
러 행성이 공전을 해도 태양계가 안정적인 이유를 푸앵카레에게 밝
혀 줄 것을 부탁했어요. 푸앵카레는 이 문제를 완벽하게 풀지는 못했
지만 태양 주위를 도는 행성의 공전 주기를 연구하여 만족할 만한 답
을 얻어 냈답니다.

관습과 통념을
뒤 흔 든

천체들의 운동과 중력을 연구하는 천문학에서는 천체들의 궤도를 계산하고 그 운동을 오랫동안 예측해 왔어요. 태양계에 관한 연구는 푸앵카레에게 흥미를 불러일으켜 다른 시스템에서의 혼돈 이론에 대해서도 생각하게 했어요. 푸앵카레는 우리가 만약 모든 자연의 법칙과 최초 운동에서의 정확한 위치를 안다면 어떤 운동에서도 위치를 예측할 수 있다고 믿었어요. 그러나 사소한 조건이라도 잘못 파악하면 엄청난 착오가 생긴다고 강조했어요. 이것을 날씨를 측정하는 등 실생활에서도 적용해 볼 수 있지요. 푸앵카레는 무엇보다 20세기 위상 수학을 정립한 사람으로 인정받고 있어요. 위상 수학은 한 사물이 다른 사물과의 관계 속에서 갖는 위치나 상태에 대해 연구하는 분야예요. 예를 들어 고무 밴드에 두 점을 찍어 놓고 구부리거나 잡아당기거나 비틀어도 두 점의 상대적 위치는 변하지 않는다는 거예요.

푸앵카레는 수학과 과학을 사람들에게 쉽게 전달하는 데에 열심이었어요. 푸앵카레의 해설이나 강의는 전문가가 아니라도 일반 사람들이 이해하기 쉽고 흥미로워서 많은 인기가 있었답니다. 과학 비평에도 관심을 가진 푸앵카레는『과학과 가설』에서 다음과 같이 자신의 세계관을 표현했어요.

"학자들은 효용성 때문에 자연을 연구하는 것이 아니다. 자연을 연구하는 것은 기쁨을 주기 때문이며, 기쁨이 솟는 이유는 자연이 아름답기 때문이다."

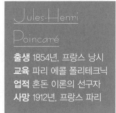

Jules-Henri
Poincaré

출생 1854년, 프랑스 낭시
교육 파리 에콜 폴리테크닉
업적 혼돈 이론의 선구자
사망 1912년, 프랑스 파리

푸앵카레는 수학과 물리학, 천문학을 넘나들며 진리를 추구하고 깨달은 진정한 탐구자였어요.

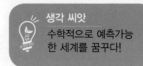

확률 이론을 정립하다 안드레이 니콜라예비치 콜모고로프

우리 주변의 사건들 중에는 그 결과가 당연하게 예측되는 것이 더러 있지
만 복잡한 환경 속에서 일정한 규칙 없이 일어나는 경우가 대부분이라고 할
수 있어요. 이것을 수학적으로 결정하는 일이 과연 가능할까요? 러시아의
수학자 안드레이 콜모고로프는 이 생각을 확장시켜 확률 이론의 기초를 닦
았답니다.

1903년 러시아에서 태어난 콜모고로프는 어머니가
자신을 낳다가 돌아가시는 바람에 이모의 손에서 자랐
어요. 이모는 어머니 대신 콜모고로프를 헌신적으로 키
웠어요.

어린 시절의 콜모고로프는 별로 특별할 게 없는 학생이었어요. 그
러나 콜모고로프가 열아홉 살인 1922년 점 집합 이론에 관한 논문
을 발표해 수학계에서는 그야말로 유명 인사가 되었어요. 1929년, 대
학원을 졸업할 때까지 콜모고로프는 열여덟 개의 논문을 발표했어요.

1929년 3주 동안 볼가 강을 여행하면서 콜모고로프는 브라운 운동
으로 알려진 기체 분자의 불규칙한 운동에 대해 연구했어요.

이 현상은 원래 1827년 로버트 브라운이 제기한 것인데, 당시 여러
사람들이 그 문제를 풀려고 하고 있었어요. 그중에는 아인슈타인 같
은 유명 인사도 있었지요.

브라운 운동을 이해하기 위해 콜모고로프는 전통적인 확률 이론과 관련해 새로운 이론을 개발했어요. 그리하여 현대 확률 이론에 큰 업적을 남기게 되었지요.

콜모고로프의 연구는 수학 이론의 영역을 넓혔을 뿐만 아니라 동식물의 유전 방식에 대한 예측 또한 가능하게 하여 유전학자들을 크게 도왔어요. 유전은 확률의 복잡한 규칙에 지배된다는 것을 밝힌 것이지요. 오스트리아의 수도사 그레고어 멘델이 완두콩과 꽃으로 실험한 후 추론한 유전의 법칙을 수학적으로 증명해 내기도 했어요.

콜모고로프는 일평생 연구에 열정적으로 몰두했고, 교육에도 관심이 많았어요. 콜모고로프가 세상을 떠날 무렵 그가 가르친 연구생 수만 70명에 달한다고 해요.

콜모고로프의 연구가 놀라운 건 보통 사람들이 이해하기 어려운 수학 이론에만 묻혀 있지 않고 다양한 교육 분야에 적용되어 영향을 미쳤다는 사실이에요.

콜모고로프라는 이름은 잘 알려져 있지 않지만 그의 이론이 여러 분야에서 어떻게 적용되는지 안다면 콜모고로프도 저세상에서 깜짝 놀랄 거예요.

Andrei
Nikolaevich
Kolmogorov
Poincaré

출생 1903년, 러시아 탐보프
교육 모스크바 대학교
업적 확률 이론을 창안
사망 1987년,
러시아 모스크바

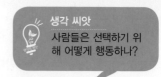
게임 이론을 개발하다 요한 폰 노이만

제1차 세계 대전이 전 유럽을 휩쓸고 지나간 뒤 유대인의 후손으로 중부 유럽에 산다는 것은 고달픈 삶을 의미했어요. 요한 폰 노이만의 가족은 정치적인 갈등을 피해 헝가리, 오스트리아, 독일, 스위스 등지를 옮겨 다녀야 했어요. 노이만은 1930년 미국으로 이주해 프린스턴에서 연구를 시작했어요.

π 요한 폰 노이만의 어릴 적 이름은 '야노스'였어요. 1903년 헝가리 부다페스트에서 태어난 노이만은 어려서부터 수학적 재능이 뛰어났고, 한 번 본 것은 그대로 기억해 낼 수 있었다고 해요. 노이만의 수학적 재능은 뒷날 게임 이론을 만들어 내는 데 큰 도움이 되었지요.

오스트리아 출신 오스카어 모르겐슈테른과 함께 노이만은 사람들 사이의 협상과 상호 작용을 연구하여 수학적 모델을 개발했어요. '게임'이라는 말이 이렇게 해서 만들어졌어요.

수학은 점점 다른 학문과 결합되어 중요한 역할을 감당하기 시작했어요. 그래서 오늘날에는 과학뿐만 아니라 경제학 등 여러 분야에서 수학 이론을 적용하고 있지요.

원래 노이만의 관심은 경제학에 있었어요. 무엇인가 선택하는 데 있어 사람들이 실제로 어떻게 행동하는지에 관해 오랫동안 연구했지요. 이론상으로 사람들은 자신의 이익이나 수입, 또는 즐거움을 최대화하는 행동을 하고, 개인적 욕구는 자신과 시장의 상황을 생각하여 결정했어요. 문제는 어떤 경우에는 이 이론이 적용되지 않는다는 것이었어요. 노이만의 게임 이론은 사람들이 시장을 통해서가 아니라 직접 상호 작용을 할 경우의 경제학적 설명과 전략적 행동을 제시했어요. 노이만은 사람들이(행위자) 다른 사람들(살아 있는 변수)의 행동에 기초해 전략적 결정을 한다고 밝혔어요.

게임 이론에 관한 노이만의 모든 연구는 무엇이 현재 비협력적이거나 전략적인 게임인지에 집중되었어요. 이것들은 사람들이 적극적으로 더 좋은 것을 찾는 상황을 염두에 둔 거예요. 노이만의 연구는 뒷날 수학자이자 노벨 경제학상을 받은 존 내시에 의해 무엇이 모두에게 최상인지를 찾는 게임 연구로 이어졌어요.

노이만은 집합론에 대해서도 관심을 기울였고, 양자역학에 대한 수학적 토대를 연구하기도 했어요. 더 놀라운 것은 방 하나를 가득 채우는 최초의 컴퓨터 에니악의 개발자이기도 해요. 이후에도 노이만은 수학이 유용하게 응용될 수 있는 다양한 분야에 관심을 갖고 연구를 이어 갔어요. 노이만 주요 업적인 게임 이론도 실제로 주식 시장 등에서 효과적으로 적용되었어요.

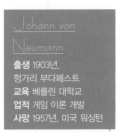

Johann von
Neumann
출생 1903년,
헝가리 부다페스트
교육 베를린 대학교
업적 게임 이론 개발
사망 1957년, 미국 워싱턴

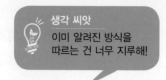

생각 씨앗
이미 알려진 방식을
따르는 건 너무 지루해!

앨런 튜링
컴퓨터 혁명을
일으키다

> 어린 시절의 앨런 튜링은 영어와 라틴어를 무척 싫어했고, 말을 더듬었다고
> 해요. 수학과 과학에 특별한 재능을 보였지만 선생님이 지시하는 대로 따라
> 하지 않고 늘 자신만의 해법으로 문제를 푸는 것을 좋아했답니다. 이미 증
> 명된 수학 문제도 스스로의 방법으로 증명하기를 즐기던 튜링은 결국 수학
> 적 문제를 풀기 위한 가상의 기계를 생각해 냈어요. 이 기계를 우리는 컴퓨
> 터라고 불러요.

π 고등학교에 다니던 앨런 튜링에게는 크리스토퍼 모컴
이라는 친구가 있었어요. 그런데 안타깝게도 모컴이 결핵
으로 갑자기 세상을 뜨고 말았어요. 친구를 잃은 튜링의
슬픔과 낙담은 상당히 깊었어요. 어쩌면 이때부터 인간의
뇌를 기계에 넣어두는 상상을 시작했는지도 몰라요.

케임브리지의 킹스칼리지 대학에서 2년 정도 수학을 배우면서 튜
링은 독일의 수학자 다비드 힐베르트가 제기한 질문에 관해 생각했어
요. '결정 가능성'에 대한 질문이었는데, 주어진 수학적 문제가 입증
가능한지를 결정하는 정의 방법에 대한 것이었어요.

튜링은 먼저 사람들이 어떻게 선택하고 결정에 이르는지 분석했어
요. 그 결과 대부분의 사람들은 기계적으로 행동한다는 것을 깨달았
어요. 튜링은 종이 띠 위에 읽고 쓰는 기호를 써 나가는 간단한 작업
만으로도 문제를 정확하게 계산할 수 있는 기계를 상상했어요. 가상

136

관습과 통념을
뒤 흔 든

의 연산 기계에 대한 연구는 이렇게 시작되었지요.

제2차 세계 대전에 영국이 참전하면서 앨런 튜링은 정부의 암호 해독반에서 일했어요. 세계에서 가장 복잡하고 해독이 어렵기로 유명한 독일의 암호 체계인 애니그마를 풀기 위해서는 치밀한 계산력뿐만 아니라 수학적 상상력과 모든 경우의 수에 대한 직관이 필요했어요. 게다가 매우 빠른 시간 안에 풀어야 했지요.

세상이 컴퓨터를 처음 보게 되기까지는 아직 수십 년이 더 지나야 했지만 튜링은 암호화된 명령을 탑재한 자신의 '기계'가 암호를 푸는 데 특별한 역할을 할 수 있을 것이라고 믿었어요. 암호 해독을 위해 튜링이 만든 기계는 '폭탄'이라고도 불렸는데, 몇 달이 걸리던 암호 해독을 단 몇 분 만에 해낼 수 있었기 때문이에요. 독일 잠수함의 동태까지 훤히 꿰뚫은 이 기계는 영국군을 대서양 전투에서 승리하게 했고, 전쟁을 끝내는 데 큰 기여를 했답니다.

전쟁이 끝나고 런던 외곽에 있는 국립 물리학 연구소의 초대로 튜링은 컴퓨팅 프로젝트에 참여했고, 그 후 맨체스터에의 프로젝트에도 함께했어요. 튜링은 수학적으로 꿈을 꿀 줄 아는 사람이었어요. 튜링의 수학적 상상력은 현재 우리가 일상적으로 사용하는 계산기와 컴퓨터의 지적 체계를 만들어 냈고, 자동 연산 기계라는 혁명적인 아이디어로 컴퓨터 공학의 발판을 마련했어요.

Alan Turing
출생 1912년, 영국 런던
교육 케임브리지 대학교
업적 컴퓨터 연산 기계 개발
사망 1954년, 영국 윔슬로

Computing
컴퓨팅

1965년, 페어차일드 그룹의 연구 이사인 고든 무어는 컴퓨터의 능력이 2년
마다 두 배로 증가할 것이라고 예언했어요. 고든 무어의 생각은 옳았고 하루
하루 놀라운 속도로 발전하는 컴퓨터는 불과 몇십 년 만에 세상을 크게 변
화시켰어요.

바빌로니아인들이 기원전 4세기에 주판을 사용한 이래, 인류는 생각
의 힘을 증대시킬 수 있는 기계를 만들려고 노력했어요. 처음에는 수를
서로 더하는 것에서부터 시작되었어요. 8세기에서 9세기 사이에 복잡한
로마자 대신 아라비아 수를 사용하면서 유럽 수학자들은 계산 과정을 훨
씬 쉽게 해냈어요. 아라비아 숫자의 이점은 숫자 '0'의 사용에 있었고 10,
100, 1000 등을 정해진 위치에 두는 것이었어요.

1623년, 독일의 교수 빌헬름 시카드는 최초로 기계식 계산기를 만들
었어요. 하지만 이것으로는 덧셈밖에 할 수 없었고 이제 걸음마에 불과
했어요. 1642년, 프랑스의 블레즈 파스칼은 덧셈, 뺄셈, 곱셈, 나눗셈이
가능한 계산기를 선보였어요. 영국의 찰스 배비지는 거대한 증기 엔진을
가진 계산기를 만들려고 했지만 실현하지는 못했어요. 그러나 배비지가
제안한 '엔진'에는 카드에 정보를 저장하여 계산을 수행하는 개념이 담
겨 있었어요.

과학기술의 획기적인 발전은 새로운 아이디어가 다른 분야와 만날 때

관습과 통념을
뒤 흔 든

일어나기도 해요. 컴퓨터의 역사에서도 그랬어요.

1940년대 사람들은 새롭게 개발된 전자 밸브를 사용했는데, 이것은 당시 발견한 불 대수를 이용한 계산기로 작동되었어요. 1946년, 전자 밸브의 원리를 이용하여 펜실베니아 대학에서 최초의 현대식 컴퓨터 '에니악'을 개발했어요. 에니악은 무게 130톤에 약 2만 개의 진공관으로 이루어져 있었어요.

진공관은 이전의 전자 스위치 같은 것인데, 유지가 힘들다는 단점이 있었어요. 1947년, 벨 연구소에서는 트랜지스터라는 한층 더 발전된 형태를 개발했어요. 트랜지스터는 진공관보다 크기가 훨씬 작아 다루는 데 힘이 덜 들고 무척 유용했지요.

이후 1959년에 텍사스 인스트루먼트와 페어차일드 반도체는 최초의 집적 회로를 생산했고, 세계는 새로운 미래를 엿보게 되었어요. 수천 개의 전자 스위치가 작은 공간으로 들어가게 된 것이지요. 이제 남은 것은 더 작고 더 복잡해질 회로에 사용할 물질의 물리적 성질을 광범위하게 이해하고, 고도로 정밀한 제조 기술을 개발하는 것이었어요.

음악이 나오는 생일 카드에서부터 날씨를 예측하는 거대한 컴퓨터시스템에 이르기까지 우리 생활에 컴퓨터의 영향력은 놀랍게 확장되었어요. 1970년대 이후 컴퓨터의 능력은 매년 두 배씩 증가하고 있어요.

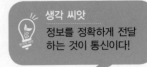

생각 씨앗
정보를 정확하게 전달
하는 것이 통신이다!

전자 통신을
연구하다

클로드 엘우드 섀넌

어떤 것들은 예측이 가능하지만 어떤 것들은 그렇지 않아요. 클로드 엘우드
섀넌은 존재하지만 예측할 수 없는 것들에 관심을 가졌어요. 그리고 이것을 '
정보'라고 불렀지요. 섀넌의 연구는 전자 통신의 새로운 장을 열었어요. 최초
로 0과 1의 2진법, 즉 비트(bit)를 통해 문자·소리·이미지 등의 정보를 전달하
는 방법을 생각해 낸 섀넌을 '디지털의 아버지'라고 불러요.

π

1948년 섀넌의 논문 「통신의 수학적 이론」에는 정
보의 개념뿐만 아니라 통신 이론에 관한 내용을 소개
하고 있어요.

섀넌은 통신의 의미는 정보를 수신자가 이용할 수
있는 위치로 옮기는 것이며, 통신의 기본적인 문제는 다른 시점에서
선택된 메시지를 한 시점에서 정확히 또는 대략적으로 재생산하는 데
있다고 주장했어요.

즉, 관련이 없는 것을 전달하거나 오류가 없이, 정보의 중요한 요
소를 잃어버리지 않고 한 곳에서 다른 곳으로 정확하게 전달하는 것
이 통신이라고 한 것이지요. 그래서 통신 이론에서는 전달 방식과 전
달에 오류를 일으키는 요소에 주목해요.

더 나아가 섀넌은 앞면과 뒷면이 0과 1을 각각 쓴 동전을 튕겨 그
결과를 코드화할 수 있다는 것을 깨달았어요.

관습과 통념을
뒤 흔 든

알파벳 문자처럼 더 복잡한 정보는 지금도 이런 방법으로 코드화되고 있어요. 그러나 각 문자는 다섯 개의 0과 1이 필요해요. 예를 들어 'a'는 00001, 'e'는 00101, 'z'는 11010이 되는 식이지요.

각각의 0과 1은 정보의 '비트'로 나타냈어요. 통신 경로는 매 초 비트로 측정될 수 있는 '용량'을 갖고 있어요. 일단 정보를 비트로 바꾸면 이것은 '1'은 '온(on)', '0'은 '오프(off)'라는 스위치로 나타내요.

섀넌은 불 대수를 따르는 이 스위치를 사용해 정보가 전자 장치를 이용해 자동으로 진행된다는 것을 보여 주었어요. 이것은 전자 장치와 컴퓨터의 기본 개념이 되었지요.

섀넌은 통신 이론에 있어 두 가지 중요한 정리를 했는데, 하나는 통신로에 가장 적합한 정보원이 접속되었을 때 통신로의 통신 용량과 같은 전송 속도로 보낼 수 있다는 것이고, 또 하나는 '부호화'를 이용하면 더 정확히 정보를 전송할 수 있다는 것이지요.

부호화는 통신에서 가장 중요한 개념 중 하나로 받은 신호를 전송될 수 있는 부호로 형태를 변환하는 작업을 말해요. 섀넌의 정보 이론은 언어학, 음성학, 심리학, 그리고 암호 해독 등에 널리 적용되었어요. 또한 초기 컴퓨터 분야의 디딤돌이 되었지요.

Claud Elwood
Shannon

출생 1916년, 미국 미시간
교육 미시간 대학교
업적 컴퓨터 정보 이론 창안
사망 2001년,
미국 매사추세츠

인덱스